单片机实验及实训教程

主编　申忠如　张　倩　申　淼

内容简介

本书是基于 MCS-51 系列单片机的实验与实训教材，针对应用技术型本科学生的特点，保留了验证性实验，突出了实训环节；通过基础、拓展和专题训练等典型应用设计实例，培养读者分析问题和解决问题的能力。本书可供大学本科相关专业学生在课程设计、电子设计训练、毕业设计和项目开发中参考。

图书在版编目(CIP)数据

单片机实验及实训教程/申忠如，张倩，申森主编.
—西安：西安交通大学出版社，2015.9
ISBN 978-7-5605-7940-5

Ⅰ.①单… Ⅱ.①申…②张…③申… Ⅲ.①单片微型计算机-教材 Ⅳ.①TP368.1

中国版本图书馆 CIP 数据核字(2015)第 218190 号

书　　名　单片机实验及实训教程
主　　编　申忠如　张倩　申森
责任编辑　王　欣

出版发行　西安交通大学出版社
（西安市兴庆南路 10 号　邮政编码 710049）
网　　址　http://www.xjtupress.com
电　　话　(029)82668357　82667874(发行中心)
(029)82668315(总编办)
传　　真　(029)82668280
印　　刷　陕西元盛印务有限公司

开　　本　787mm×1092mm　1/16　**印张** 11.25　**字数** 270 千字
版次印次　2015 年 12 月第 1 版　2015 年 12 月第 1 次印刷
书　　号　ISBN 978-7-5605-7940-5/TP·698
定　　价　23.00 元

读者购书、书店添货、如发现印装质量问题，请与本社发行中心联系、调换。
订购热线：(029)82665248　(029)82665249
投稿热线：(029)82664954
读者信箱：jdlgy@yahoo.cn

前　言

MCS－51系列单片机由于其功能齐全、物美价廉且不断地升级，使其在嵌入式应用中占有一席之地。有了MCS－51单片机的基础，就可以较快地学习和掌握复杂的嵌入式系统的设计。基于上述两点，在大学本科教学中把MCS－51单片机原理及应用作为一门大面积基础课程来讲授，可以收到使学生掌握微型计算机原理和初步具有设计嵌入式实用系统能力的双重功效。

本书针对应用技术型本科的特点，在注重基础知识的理论教学的前提下，重点着眼于工程实践应用能力培养。全书分两篇，分别为基础实验与实训教程。针对应用技术型本科的特点，在基础实验内容选择上，保留了传统的验证型实验，目的是加深和巩固基本概念、基本理论和掌握初步的设计方法，学会正确使用常用电子仪器的方法，科学、严肃地记录实验数据，并写出合格的实验报告。

实践是学好单片机的重要手段，为此在完成本课程的基本理论和实验教学后，安排了三个学分的实训教程教学。在自主开发的电子综合训练平台上，收集了不少典型设计实例，目的是引导和扩充学生的知识面，培养读者分析问题和解决问题的能力。

实训教程内容由基础训练、拓展训练和专题训练等三个部分组成。其中基础训练实践在电子综合训练平台上，以三总线AB，CB，DB为主线介绍了常用的接口设计，学生须读懂平台提供的单元功能模块电路和测试程序。学会采用测试软件对硬件调试的方法，进一步引导学生在测试软件上，通过添加部分语句实现该应用系统功能的软件流程图和编程要点。实践内容有串口通信模块，键盘与LED显示模块，单片机的最小系统，供给用户使用的扩展片选模块，总线驱动模块及测试程序，中断扩展模块，同步双路ADC——MAX197转换模块和双路DAC——DAC 0832转换模块等。

拓展训练实践目的是重点解决硬件系统集成设计，引入SPI总线和IIC总线的接口应用设计；实现能进行基本功能应用模块设计的目的，在设计过程中培养创新意识。实践内容是在多功能设计训练平台上，以ADC芯片TLC2543为例，学习SPI总线接口的应用；以时钟芯片PCF8563为例，学习IIC总线接口的应用；选用LCM12864液晶显示芯片，实现显示数字、字符和图形；采用功能芯片微型打印机模块和CPLD模块等。

专题训练的实践目的是以工程实际项目为背景展开研究。实践内容：选择针对工程实际的项目，包括毕业设计、电子竞赛、课外科技活动内容等。内容包括锁定放大器的设计（陕西省2014年TI杯大学生电子设计竞赛题），信号波形合成实验电路（陕西省2010年TI杯大学生电子设计竞赛题），基于铂热电阻的温度计设计，基于正弦恒流激励的微电阻测试仪设计，基于MAX038的微电容测试仪，工频电压、电流及其相位测试仪等。

专题训练方法是，找出能带动全面掌握该课程的典型案例；采用设计建议、移植复现、激发创新的交互式训练方法，各方法之间相互渗透，融为一体；主线是提高学生的主动学习热情，激发创新意识并使创新变为现实。其要点是：

(1) 设计建议——提高学生主动学习的热情

①给出应用系统的基本功能和指标要求，引导学生通过查阅文献确定自己的设计方案，完成系统硬件功能框图设计；

②选择芯片构成单元功能模块电路，进一步完成硬件系统设计，强调各模块接口遵循电平、负载能力和速度匹配的三要素原则；对系统前向通道的调理电路模块进行仿真调试设计；完成系统硬件功能电路设计；

③组织学生通过相互交流讨论和教师点评，完善自己的设计方案；

④题目提出改进设计的要求，激发学生的创新思维。

(2)移植复现——模仿完成应用系统软硬件集成设计，激发学生的创新思维

①教程给出调试硬件模块的测试程序，让学生在软件平台上编译调试通过；使用已经完成的测试程序对硬件模块进行调试，提高排错和解决问题的能力；

②在测试软件上，按照题目要求的功能完成实现功能模块的程序设计；进一步完成应用系统的软件集成设计，强调系统的软件是由各模块程序链接组成，其要点是明确链接的入口和出口地址。

(3)激发创新——使创新变成现实

①在基本内容完成的基础上，增加某一方面的功能，例如量程扩大；

②为提高某一方面的性能指标，例如提高分辨率采取的改进设计；

③对系统性能进行评价，完成对应用系统的完整设计并写出设计和调试报告。

本书是在西安交通大学申忠如教授指导下完成，西安交通大学城市学院申森、张倩共同编写，其中申森编写了基础实验和基础训练；张倩编写了拓展训练和专题训练。

作者在编写过程中，参阅了大量参考书籍和资料，学习和吸取了经验，同时得到了西安交通大学出版社的大力支持，在此一并表示衷心感谢。

限于水平和经验，本书难免存在不足之处，敬请批评指正。

编者

2014 年 8 月于西安交通大学城市学院

目　录

第一篇　单片机原理与接口技术基础实验

1.1　测试仪器和开发工具类实验

一个单片机的CPU就是一个微处理器，只有在单片机上加外设和软件配合，调试成为一个应用系统形成产品才具有实际意义。开发的特点是软件和硬件不可分割，一般硬件调试比较容易，只需编制出简单的单元调试程序使系统运行，同时用测试仪器（例如示波器、万用表）调试即可。软件调试目前多用KEIL C51软件；开发工具目前基本上使用通用的调试程序工具（例如在基础实验中使用的实验仪），在特定的集成开发环境（IDE）中编程调试，即使用硬件仿真器在线编程方式或采用ISP（In System Program在系统编程）技术。

本实验开发工具选用QTH－2008XS实验仪，测试仪器为TDS1000B数字存储示波器，调试软件使用KEIL C51。对初学者来说，可通过验证性实验强化教科书的基本内容，为进一步学习功能更加强大的微处理器打好基础。

实验1　QTH－2008XS实验仪操作指南

实验目的：熟悉QTH－2008XS实验仪各单元模块的布局和操作方法。

实验仪器：QTH－2008XS实验仪

实验内容：包括单元模块介绍和键盘功能练习两部分。实验仪的单元模块共分27个区，这里仅介绍与基本实验有关的9个模块。对±12 V、±5 V和＋6 V电源的介绍从略，但在使用前应该先检查实验仪是否加电。

单元模块介绍了各模块的布局和原理，其中，电路原理和教科书中介绍大同小异。在预习时，重点是模块的名称、位置及相关连线。在实验中注意与书中内容比较，加深对该类型的模块原理的理解。而键盘功能练习是本次实验的重点，对初学者来说，通过练习不仅能熟悉操作键盘的功能，而且有助于对单片机的内部结构的了解。

1. 实验仪中各单元模块介绍

（1）操作键盘与显示区

在键盘显示区中提供了8个LED数码显示管和28个按钮开关，主要用途是通过键盘和显示实现简单的人机对话功能。其布局如图1－1－1所示，其中开关拨向右位置：键盘用于监控；开关拨向左位置：键盘脱离监控，用户可以借用键盘和显示器做其它实验，这时要用到键盘显示控制器ZLG7289的相应输入控制端：KEY、DATA、CLK、/CS。在实验中，该键盘固定用于监控。

该区的控制芯片选用了ZLG7289，其工作原理和应用功能设计在教科书中将有详细的介绍。

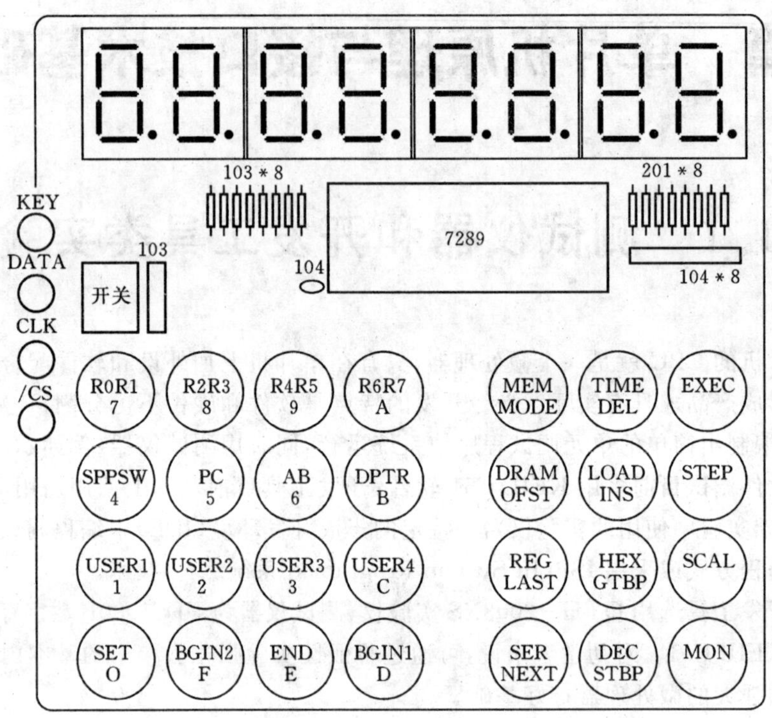

图 1-1-1 键盘和显示部分的布局图

(2)用户 RS-232/485/422 区

对单片机组成的应用系统进行在线编程和调试离不开计算机。选用 RS-232 串行通信标准设计了计算机与单片机的接口,解决单片机与计算机的通信接口问题。这部分内容的原理在教科书中有介绍,在专题训练中强化了编程训练,这里只要求了解一般概念。关于 RS-485 和 RS-422 接口留到开发相关应用系统设计时再自学。

RS-232 接口的布局与原理图如图 1-1-2 所示,图中,SW1 选择通信芯片。用 RS-232 作为通信芯片,或用 DS75176(485)作为通信芯片。SW2 选择微机串口与实验仪串口的联接方式。本实验箱使用 SW2 开关的 2-2/3-3 和插孔 RxD、DI/TI、TxD。

(3)仿真主机部件

仿真主机部分主要包括:主 CPU、监控存储器和与 PC 机通信的 RS-232 串行接口。在做一般实验的时候,还要用到以下插口和插座,应根据实验内容的要求选择相应的接口接到实验区,其布局如图 1-1-3 所示。

单片机的 4 个 I/O 口用插孔 P00～07、P10～17、P20～27、P30～37 接出,这里必须注意:它的次序不够规范,所以使用时一定要看准再连线。

插座部分最上面 A0～A7,最下面是 A8～A15(16 位地址口)。中间插座为 AD0～AD7(8 位数据口),它和上面的插孔引出线是一样的。

插针(座)是单片机对应管脚引出端,该端一般不使用,其作用是把单片机的 40 个引脚通过排线引出,插入自己设计的应用系统中。

这部分内容可参看 QTH-2008XS 实验仪的说明。

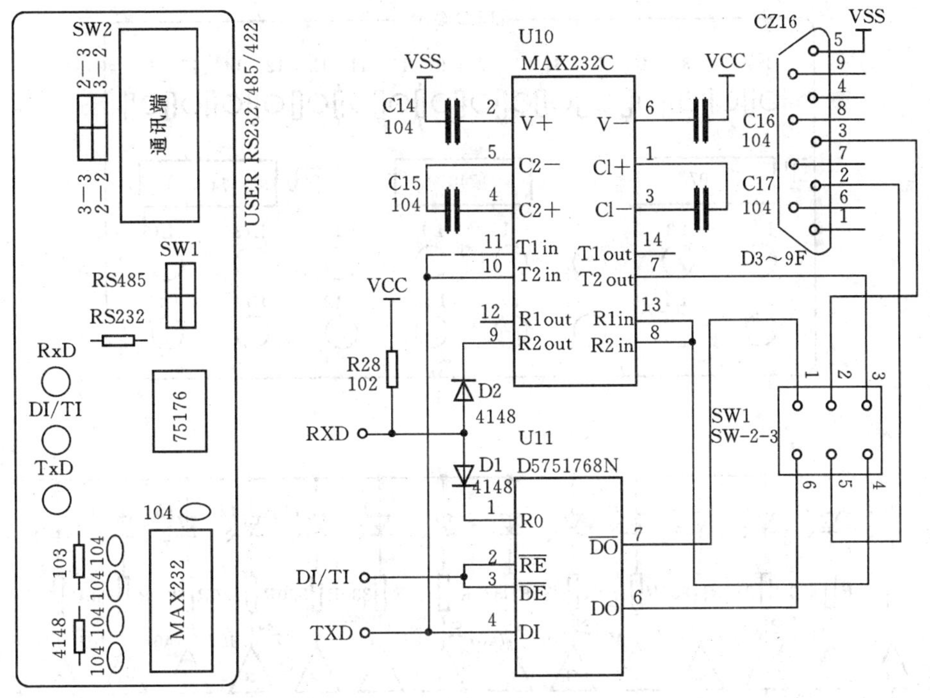

图 1-1-2 RS-232 的布局与原理图

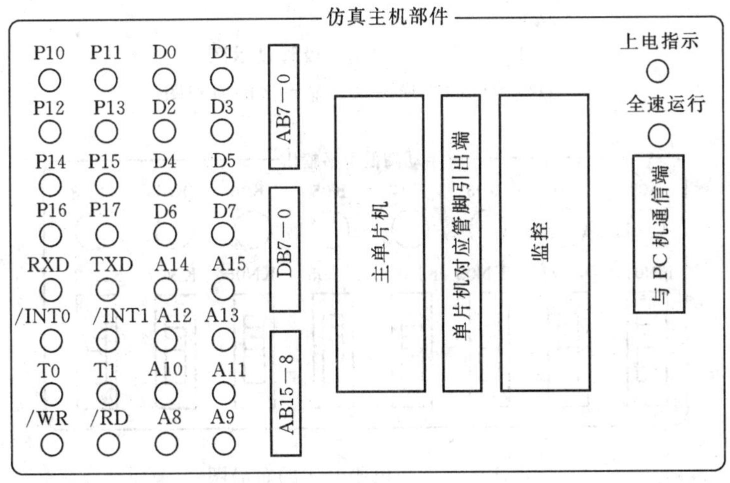

图 1-1-3 仿真主机部分的布局图

(4)发光二极管显示区

显示区的布局如图 1-1-4(a)所示，原理图如图 1-1-4(b)所示。输入控制插孔 L1～L16 分别对应 1～16 号发光二极管，当输入低电平时，相应 LED 点亮。

(5)手动高低电平输出区

如图 1-1-5 所示，电平开关 KN01～KN08 上拨时对应插孔 K01～K08 输出高电平，下拨输出低电平。

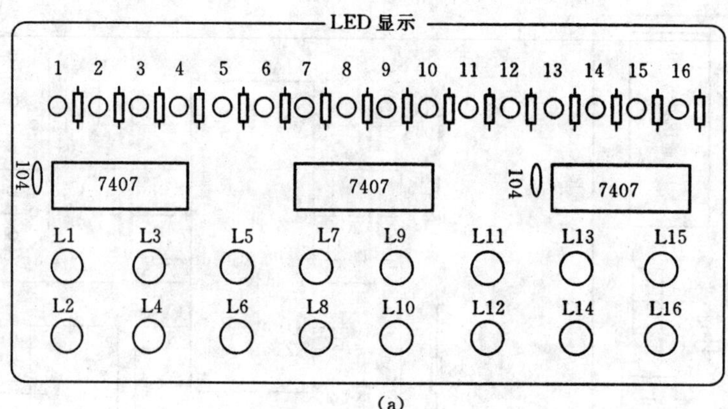

(a)

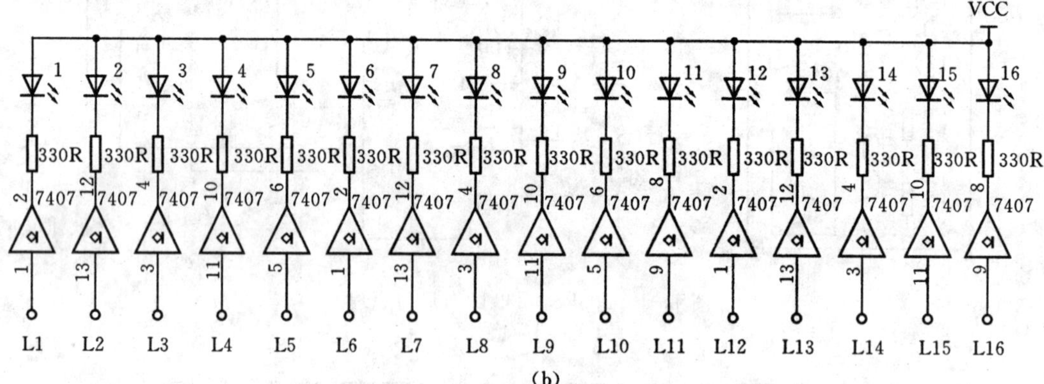

(b)

图 1-1-4　发光二极管显示区

(a)显示区的布局图;(b)显示区的原理图

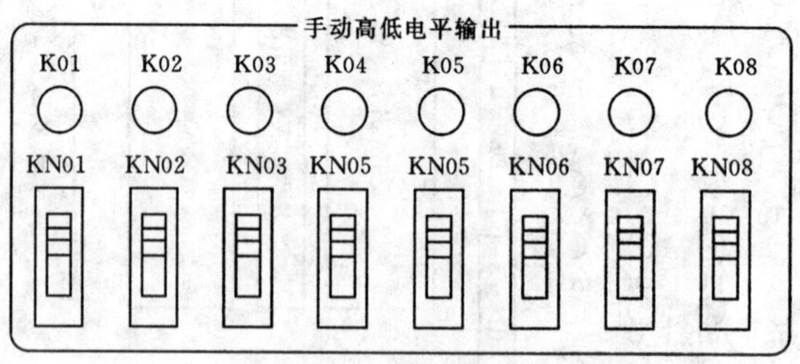

图 1-1-5　电平开关的布局图

(6)分频电路区

分频电路实际上是双十六进制计数器，其布局与原理图如图 1-1-6 所示。插孔 T 为脉冲输入端，T00～T07 分别输出 2、4、8、16、32、64、128、256 分频脉冲。

(7)单脉冲开关及振荡电路

开关 KN00 上拨，⊓ 端输出高电平，⊔ 端输出低电平；开关 KN00 下拨，输出相反。⊓⊓⊓ 端输出固定频率为 3.686 MHz 的脉冲。图 1-1-7 分别给出了其布局图、单脉冲开关原理图和振荡电路原理图。

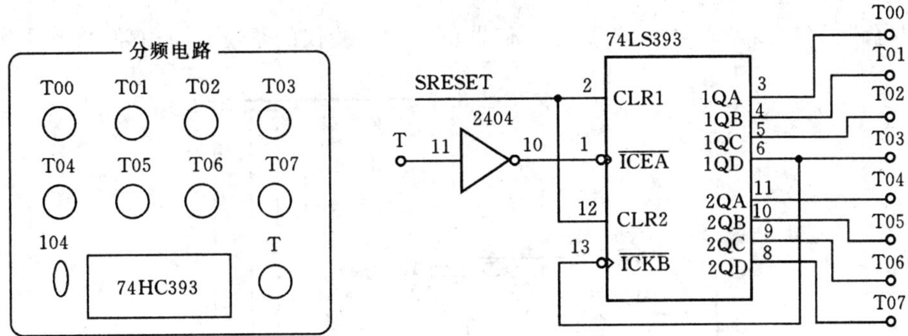

图 1-1-6　分频器的布局与原理图

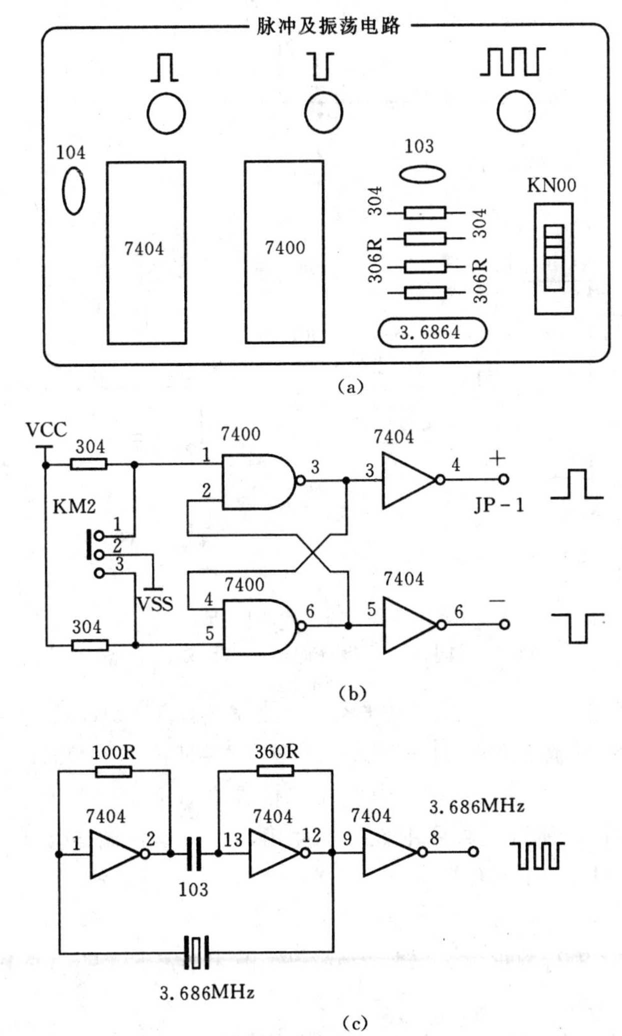

图 1-1-7　单脉冲开关及振荡电路

(a)脉冲及振荡电路的布局;(b)单脉冲开关的布局与原理图;(c)振荡电路原理图

(8)地址译码电路、复位电路区与外数据存储器

译码电路区包含:译码电路、外数据存储器电路和实验仪的系统复位电路。

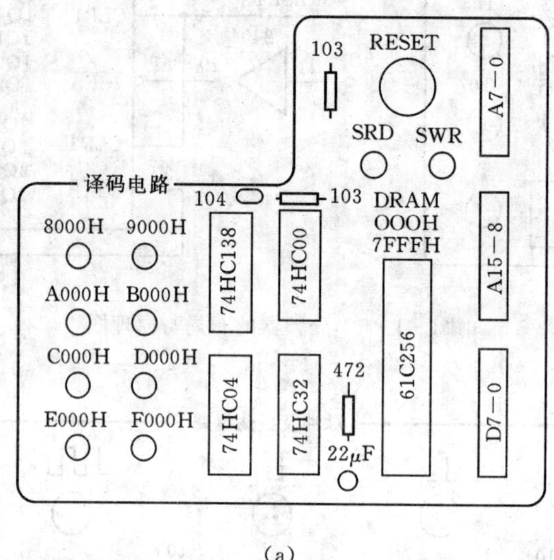

(a)

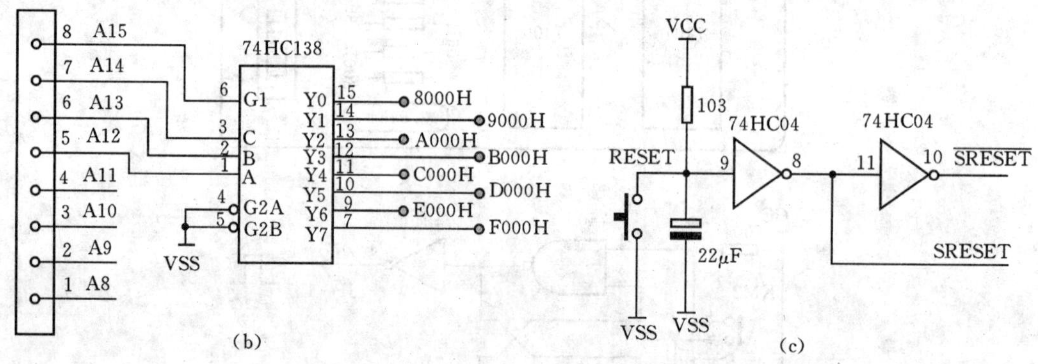

(b)　(c)

图 1-1-8　译码电路

(a)布局图;(b)地址译码电路;(c)复位电路

①3-8 译码电路输入端 A15 接高电平有效的控制端,A14、A13、A12 接 74HC138 的 C、B、A 端,译码输出$\overline{Y0}$寻址范围 8000H~8FFFH……$\overline{Y7}$寻址范围 F000H~FFFFH。

②外数据存储器 61C256:插孔 SRD 内接外存储器的$\overline{RD}$端,SWR 内接$\overline{WR}$端,片选端$\overline{CS}$已与主单片机的 A15 相连。所以在程序中如果要使用该外数据存储器,A15 的取值必须接低电平。寻址范围为 0000H~7FFFH。

(9)串并转换电路区

在该实验区可以将串行数据输入转换为并行输出,并在 LED 显示器上显示。其布局与原理图如图 1-1-9 所示。

其中,插孔 DIN 为串行数据输入端(通常与单片机的 RxD 相连),CLK 为同步移位脉冲输入端(通常与单片机的 TxD 相连)。在做实验时,LED 数码管直接显示转换结果。

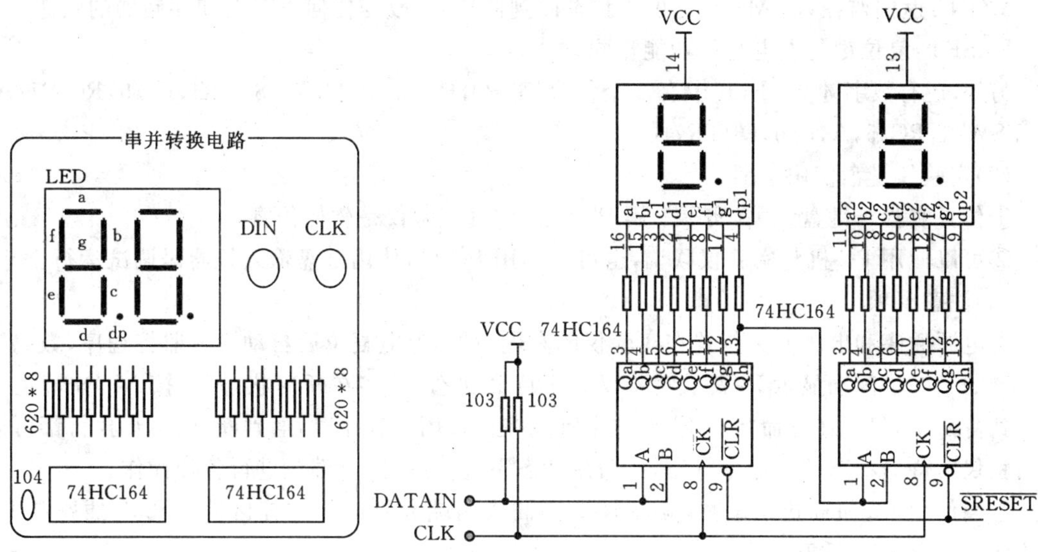

图 1-1-9　串并转换电路布局图和原理图

2. 键盘功能练习

键盘布局如图 1-1-10 所示。

R0,R1 7	R2,R3 8	R4,R5 9	R6,R7 A	MEM/ MODE	TIME	EXEC
SP,PSW 4	PC 5	A,B 6	DPTR B	DRAM/ OFST	LOAD	STEP
1	2	3	C	REG/ LAST	HEX/ GTBP	SCAL
0	F	E	D	SFR/ NEXT	DEC/ STBP	MON

图 1-1-10　键盘布局图

(1)十二个命令键

MEM / MODE:存储器读写/模式转换;

DRAM/OFST :数据读写/偏移量计算 ;

REG/LAST :寄存器读写/读写上一个字节;

TIME :时间显示;

LOAD:装载实验程序;

HEX/GTBP :十六进制转换/查找断点;

DEC/STBP :十进制转换/设置或清除断点;

EXEC :连续执行;

STEP :单步、单步跟踪;

SCAL :宏单步;

MON：返回监控，而 MON 键仅使状态回到监控，不改变任何寄存器和存储器的状态；

RESET：复位键与上电复位功能相同。

另外，还有数字键 0～F，其中有 8 个复合键，R0，R1/7，R2，R3/8，R4，R5/9，R6，R7/A，SP，PSW/4，PC/5，A，B/6，DPTR/B。

(2)实验仪键盘使用范围

①仿真实验与键盘无关(实际上用 PC 机做仿真实验仪是软件仿真)。

②可以使用 PC 机与实验仪联调，也可以不用 PC 机，使用键盘输入机器码调试运行。

(3)注意事项

①电源插座和电源开关位置在实验仪的右侧后方，上电复位后自动进入监控程序，数码管显示器的第一位闪动显示 P，表示实验仪处于待命状态(其实在任何状态下，按 MON 键也可以回到待命状态)。在待命状态下，按数字键或在执行用户程序时，遇到断点、单步执行都可以使实验仪由待命状态转向命令状态，在命令状态下，就可以配合键盘进行各种操作。

②当使用 PC 机联机调试时，应将 RS232 插头两端分别插入主控区的 RS232 插座和 PC 机的任一个 RS232 插座。

(4)键盘操作说明

①RESET 键和 MON 键。

在上电或按下 RESET 键时均使系统复位，复位后对 MCS-51 初始化，该键的位置在实验仪的译码电路区。

按 MON 键返回待命状态，不会影响用户的存储区、寄存器以及已设置的断点，也不会影响实验仪的当前模式。

②数字键(十六进制)。

十六个数字键是 0～9，A～F，同时有部分是与 CPU 内部常用寄存器名共用的复合键。

③程序存储器读写——MEM、NEXT 和 LAST 键。

可用于程序输入、检查或更改程序存储器单元内容。其方法是在待命状态下(或按一次 MON 键，使 P 闪动显示)，送入 4 位要检查的存储器地址(显示在第 1 位到第 4 位)；再按 MEM 键，读出该单元的内容(内容显示在第 7、第 8 位上，同时第 7 位数字在闪动)，实验仪便进入存储器读写状态。可以重新键入数字、改动或相同内容保持；当键入数后，下一位即第 8 位开始闪动，键入数字后，显示器又恢复第 7 位闪动。

按下 NEXT 键，存储器地址自动加 1，显示和更改与上面相同。

按下 LAST 键，存储器地址自动减 1，显示和更改与上面相同。

如果改变命令状态，请按一次 MON 键，回到待命状态。MEM、NEXT 和 LAST 键的说明见表 1-1-1。

表 1-1-1　MEM、NEXT 和 LAST 键

按键	显示	说明
MON	P	待命状态，在第 1 位显示 P
0010	0010	命令状态，0010 显示在第 1、2、3、4 位
MEM	0010--XX	XX 表示随机数，第 1 个 X 显示在第 7 位并闪动，第 8 位为随机数
0	0010--0X	当第 7 位被改为 0，第 8 位闪动

续表 1-1-1

按键	显示	说明
8	0010--08	第8位被改为8,第7、8位显示08
NEXT	0011--XX	地址P自动加1变为0011,第7、8处理同上
1	0011--1X	第7位被改为1,第8位闪动
3	0011--13	第7、8位显示13
LAST	0010--08	地址P自动减1变为0010,第7、8处理同上
MON	P	又返回待命状态,在第1位显示P

注:在命令状态下,地址值输入超过4个,光标也会移到第五位至第八位。

在存储器读写状态,各功能键功能都以下排字表示。

使用LAST或NEXT键可以读出上一个或下一个存储单元,同时光标自动移到第七位。持续按LAST或NEXT键在0.8 s以上,实验器便开始对内存进行向上或向下扫描,依次显示各单元地址及内容。松开按键,扫描立即停止,实验仪仍处于存储器读写状态。利用这种功能可以快速检查某一内存区的内容,或快速移动要检查的单元,从而简化了操作。

④片内RAM区寄存器读写——REG、NEXT和LAST键。

采用16位寄存器或将8位寄存器拼成16位寄存器对的形式进行操作,寄存器对所用代号在键盘中已标明,例如R0,R1的代号为7。各键的具体说明见表1-1-2。

表1-1-2 REG、NEXT和LAST键

按键	显示	说明
MON	P	待命状态
R0,R1/7	7	命令状态
REG/LAST	7---XXXX	XXXX表示随机数,以R0、R1的次序表示,第1个X闪动
1	7---1XXX	第2个X闪动
2	7---12XX	第3个X闪动
3、4	7---1234	分两次键入两个数,1闪动
NEXT	8---XXXX	操作同上
MON	P	待命状态

⑤外部数据RAM读写——DRAM、NEXT、LAST键。

具体的按键说明见表1-1-3。

表1-1-3 DRAM、NEXT、LAST键

按键	显示	说明
MON	P	待命状态
1000	1000	命令状态
DRAM/OFST	1000--XX	XX表示随机数,第7位X闪动
1	1000--1X	第8位X闪动
2	1000--12	第7位X闪动

续表 1-1-3

按键	显示	说明
NEXT	1001--XX	XX 表示随机数,第 7 位 X 闪动
3、4	1001--34	3 闪动
LAST	1000--12	
MON	P	待命状态

按 NEXT 或 LAST 键,可查访更改下一个或上一个单元的内容。持续按 LAST 或 NEXT 键 0.8 s 以上可实现快速查找数据或 RAM 及 I/O 口的内容。

⑥特殊功能寄存器检查——SFR、NEXT 和 LAST 键。

用 SFR 键可以读出 CPU 内部特殊功能寄存器的内容。特殊功能寄存器的地址为 80H～FFH,输入地址不能小于 80H。

特殊功能寄存器检查的状态标志是:显示器上显示 6 个数字,第一、二位数字表示特殊功能寄存器地址,第三到第六位是空格,第七、八位显示该地址单元中的内容。

特殊功能寄存器一般不能修改,例如 PC,SP,IP,IE,TMOD,TCON 的内容在断点或单步运行时已被保护;而对于 A,B,R0～R7,PSW,DPTR 监控程序应能允许用户在操作平台上修改。

⑦断点的设置、清除和查找——STBP 键和 GTBP 键。

设置断点是调试程序的一种方法。在执行用户程序的过程中,遇到断点,保护现场,并显示断点地址及 A 累加器和下一条指令码的内容,或显示用户设定的内容,进入命令状态。这时可利用各种检查命令,判断程序执行是否正确。

QTHBUG 允许用户在程序中设置 1～2 个断点。断点不能设置在每条指令的中间,否则会造成程序执行的错误。设置方法是按 STBP 键,显示器最右边(第八位)立即显示已设断点个数,约 1.5 s 后,重新回到存储器读写状态,这时断点被接受,此处断点设置完毕。若实验器处于待命状态,则应先送 4 位表示断点地址的数字,然后按 STBP 键,过程与上面所述一样。断点设置完毕,实验仪进入存储器读写状态。

断点清除也是用 STBP 键。如果现行地址(存储器读写状态)或送入表示地址的 4 位数字(命令状态)处已经设置过断点,则按 STBP 键的作用就是清除该处的断点。与设置断点的区别就是在使用 STBP 清除断点时,显示器不显示断点个数,实验仪便进入存储器读写状态。用户可以根据显示器的变化来判断实验仪进行什么操作。例如想在某地址设置断点,如果该地址已设置过,按 STBP 键反而将该处断点清除,这时显示器不显示断点个数,从而可以判断这是误操作,只需再按一次 STBP 键,即可恢复该断点。

断点清除键一次只能清除一个断点,而按 RESET 键会清除所有断点,实验仪返回待命状态。

查找断点用 GTBP 键,实现从现行地址开始查找已设定的断点,见表 1-1-4。

表 1-1-4 GTBP 键

按键	显示	说明
RESET	P	待命状态,无断点
2、1、0、0	2100	命令状态

续表 1-1-4

按键	显示	说明
STBP	1	第 8 位为 1,表示第 1 个断点,1.5 s 后显示下行内容
	2100--XX	XX 表示任意值
持续 NEXT	2159--XX	快速移到地址 2159H
STBP	2	设置第 2 个断点
	2159--XX	
STBP	2159--XX	第 2 个断点已被清除
MON	P	待命状态
0	0000	从 0000H 开始查找断点
GTBP	2100--XX	找到第 1 个断点
GTBP	2159--XX	找到第 2 个断点
GTBP	7FFF--02	表示有 2 个断点,存储在 0000H～7FFFH

⑧单步执行 STEP 键、宏单步执行 SCAL 键和连续执行 EXEC 键。

单步执行键实际上相当于每条指令都设置了断点,在程序中有循环语句时,只能一步一步地执行完循环程序。而宏单步在主程序时与单步相同,而在执行循环程序时,可一次完成。连续执行可使程序连续运行,除非遇到断点。以上键都是在命令状态下使用。

⑨计算相对转移偏移量命令——OFST 键 。

OFST 键命令的功能,是用来计算 MCS-51 指令系统中,相对转移指令的操作数——偏移量。OFST 键命令只在存储器读写状态有效。

先在需要填入偏移量的单元上填入所要转移的(目标)地址的低字节,然后按 OFST 键,该单元的内容立即转变成所要求的偏移量,即自动将偏移量填入。这时实验器仍处于存储器读写状态,用户可继续往下送入程序,OFST 键说明见表 1-1-5。

表 1-1-5 OFST 键

按键	显示	说明
MON	P	待命状态
1、0、0、0	1000	命令状态
MEM	1000--XX	XX 表示任意值
E4	1000--E4	
NEXT、1、1	1001--11	
NEXT、0、5	1002--05	
NEXT、8、0	1003--80	
NEXT、0、1	1004--01	
OFST	1004--FC	自动填入偏移量 FCH
NEXT、7、A	1005--7A	
NEXT、0、2	1006--02	

使用 OFST 命令键，进行偏移量的计算，应注意跳转“出界”的问题。当偏移量计算结果大于 7FH，说明是往回跳转(减址)，否则是向前跳转(增址)。若程序设计要往前跳转的，计算结果大于 7FH，也出界了。简单的办法就是把相对跳转指令改为页地址转移指令。例如：

```
1000  E4    START:   CLR   A
1001  1105  START1:  ACALL DELAY
1003  80FC           SJMP  START1
1005  7A02  DELAY:   MOV   R2,#02H
1007  DAFE  DELAY1:  DJNZ  R2,DELAY1
1009  04             INC   A
100A  22             RET
```

⑩ 其它按键。

十进制与十六进制转换用 DEC 与 HEX 键，在待命状态下，按 HEX 键显示 H，再送 2000 显示 H 2000，然后按 DEC 键，显示 D 8192。

时钟显示——TIME 键。

加载——LOAD 键。按下 LOAD 键显示“——LOAD——”，过 1.5 s 后，显示回到 P 状态，这时键入监控程序所提供的子程序入口地址，并将你所需的程序加载到试验板上，当按下 EXEC 键，便开始连续执行程序。

实验 2 TDS1000B 数字存储示波器

实验目的：熟悉数字示波器原理和常用的几种使用方法。

实验仪器：TDS1000B 数字存储示波器、信号源。

实验内容：数字存储示波器有机结合了计算机软硬件技术和仪器技术，从而使得示波器功能更加强大，使用更加灵活，显示屏方便了使用者操作。目前重点大学和科研机构使用的示波器几乎全是数字式的。靠两小时的实验学习是远远不够的，因此要求同学在预习中，认真阅读指导书内容，尽量使自己有一个基本概念。在实验中，指导教师通过边讲边引导学生练习的方法将实验 1—10 的内容做一遍，然后由学生自己动手对实验 11 进行操作练习。这里必须指出，多练是熟练掌握数字示波器使用方法的灵丹妙药。

1. 数字存储示波器的原理简介

数字示波器的原理框图如图 1-2-1 所示，从图中可以看出，数字示波器的输入部分（包括放大部分）、外触发部分、触发选择部分与模拟示波器基本相同，而触发比较器电路与模拟示波器有很大的区别，从 A/D 转换到信号处理、信号存储和波形显示均采用数字化技术。另外，由于微处理器的介入，将计算机软硬件技术和仪器技术有机结合，从而使得示波器功能更加强大，使用更加灵活，其主要特点如下。

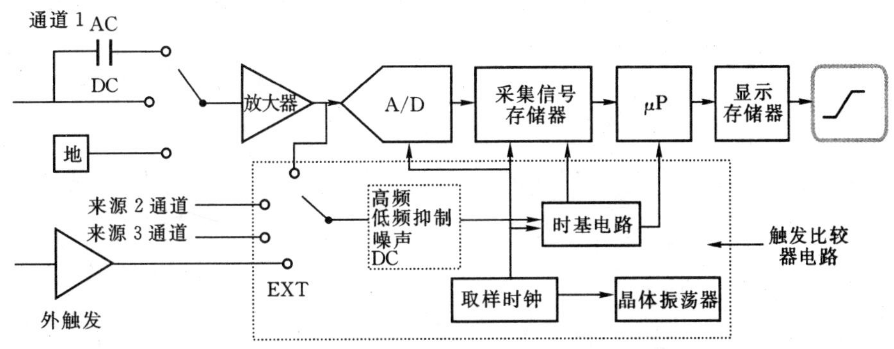

图 1-2-1 数字示波器的原理框图

①它不像模拟示波器的时基电路那样产生斜波电压，而时基电路是一个晶体振荡器，通过测量触发信号和取样时钟之间的时间差，便可确定波形取样在显示器上的位置。

②可对选定的触发功能和设定的触发条件进行准确的鉴别。依据是否符合触发条件决定取样阀门的关断。

③数字示波器的一个最显著特点是它有触发位置控制，它代表波形记录中的水平位置。变更水平触发位置，可以允许采集触发事件以前的信号，称为预触发。这样，可以确定触发点前面部分和后面部分所包含的可视信号的长度，如图 1-2-2 所示。

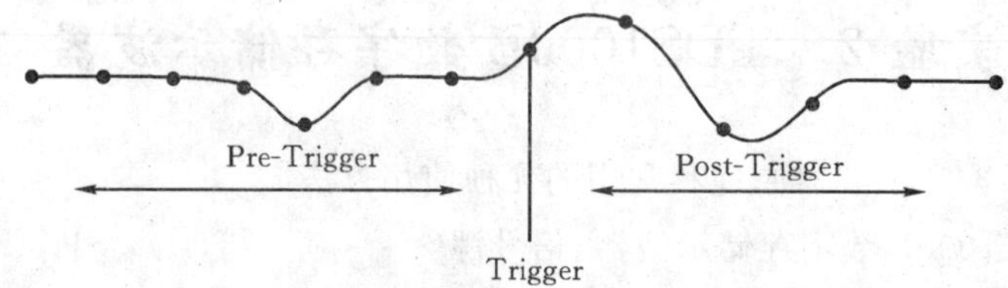

图 1-2-2 数字示波器的触发位置控制示意图

2. 数字示波器的主要技术指标

数字示波器的主要技术指标有带宽、采样率、存储长度和波形捕获率(先进的 DPO)等。

(1)示波器的带宽

示波器带宽是由放大器模拟带宽决定,它是包括探头在内的系统带宽,在示波器显示区右上角标明,TDS1000B 的带宽为 40 MHz。

为了获得正确的测量振幅,示波器的带宽应该比被测量的波形的频率大 5 倍以上;为了合理、准确地测量波形的上升或下降时间,示波器必须有足够的上升时间;探头的上升时间应快于示波器的上升时间;示波器的上升时间应快于被测量信号的上升时间。

当探头和示波器上升时间都为 $t=0.35/BW$(适合于 1G 以下示波器),BW=带宽(−3dB 时的频率,单位 Hz),探头和示波器上升时间和带宽的关系由下式决定:

$$测量显示信号的上升时间 = \sqrt{信号上升时间^2 + 测量系统上升时间^2}$$

$$测量系统的上升时间 = \sqrt{探头上升时间^2 + 示波器上升时间^2}$$

例如:使用 100 MHz 的探头和 100 MHz 的示波器,测量上升时间为 3.5 ns 的方波信号,求系统带宽为多少?测量误差是多少?

系统上升时间 $= \sqrt{3.5^2 + 3.5^2} = 4.95$ ns

系统带宽=0.35/4.95=70 MHz

测量显示信号的上升时间 $= \sqrt{3.5^2 + 4.95^2} = 6.08$ ns

测量误差=(6.08−3.5)/ 3.5=73%

一般当示波器上升时间大于被测信号上升时间十倍以上,可认为屏幕上的读数就是被测信号的上升沿,否则可用上述公式进一步估算,获得较准确的上升时间。

(2)示波器的采样率

示波器带宽选定后,采样率决定了单次带宽;单次带宽决定示波器对毛刺和单脉冲信号的捕获能力、复现能力、示波器对重复信号中异常信号和随机毛刺信号的捕获能力。

采样率以“点/秒”来表示,在显示区右上角标明。TDS1000B 的采样率为 500 MS/s。

(3)示波器的存储深度

一个波形记录是指可被示波器一次性采集的波形点数。最大波形记录长度由示波器的存储深度决定,只有增加存储深度才能增加记录长度。

示波器的存储由两个方面来确定:触发信号和延时的设定确定了示波器存储的起点;示波器的存储深度决定了数据存储的终点。

记录时间＝记录长度÷采样率

由于时基和采样率是联动的，所以时基的速度快慢将同时改变采样率的高低。当采样率达到指标定义最高速率时，即使加快时基速度，采样率也不能加快。

时基与采样率的关系为：

存储深度÷时间/格×10＝采样间隔

1/采样间隔＝采样率

3. TDS1000B 数字存储示波器前面板介绍

TDS1000B 数字存储示波器前面板示意如图 1－2－3 所示。

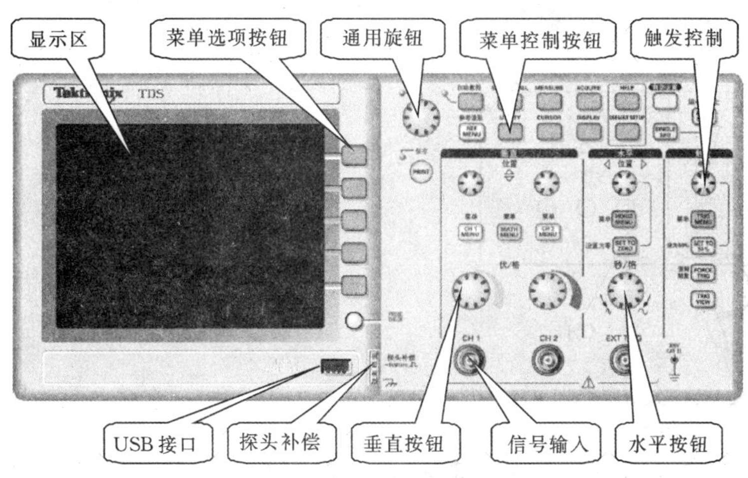

图 1－2－3　TDS1000B 数字存储示波器前面板

从面板示意图中可以看出与模拟示波器的明显不同，其中菜单选项按钮与显示区右侧的文字或图像相对应，像操作计算机用户界面一样，方便使用者操作。另外使用 USB 接口可将测试结果以文件的形式复制输出，因此可以获得清晰的图片文件。

4. 开机操作

①连接器：和模拟示波器一样，有 CH1(通道 1)、CH2(通道 2)作为信号输入端连接器，有 EXT TRIG 外部触发源输入端连接器，如图 1－2－4 所示。

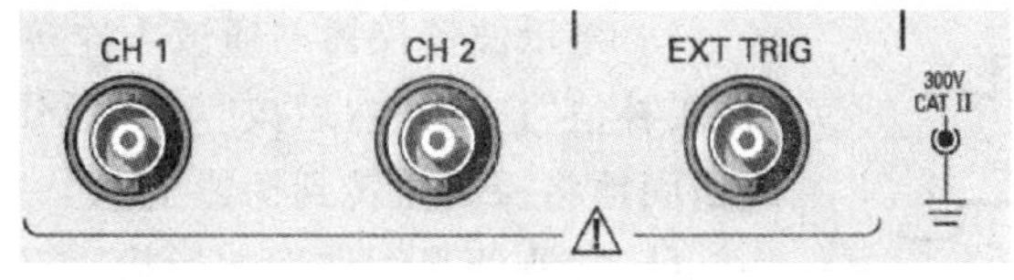

图 1－2－4　TDS1000B 的连接器

②功能检查：执行此功能可验证示波器是否正常工作。操作步骤如图 1－2－5 中的(a)、(b)、(c)所示。

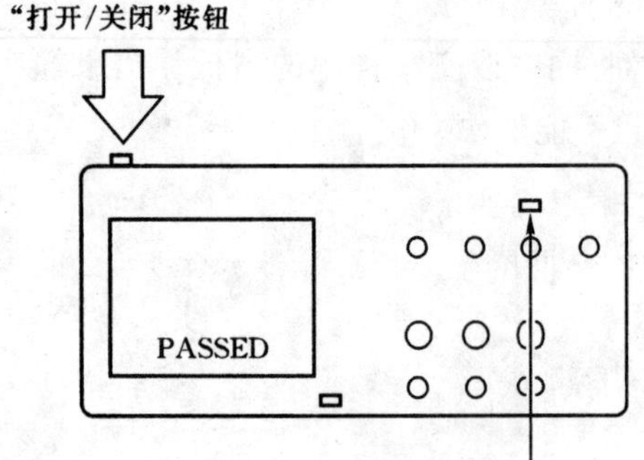

(a)

(a)打开示波器电源。示波器开始执行所有自检项目,并确认通过自检。按下DEFAULT SETUP(默认设置)按钮,可恢复示波器默认设置(如探头的衰减设置为10X)。

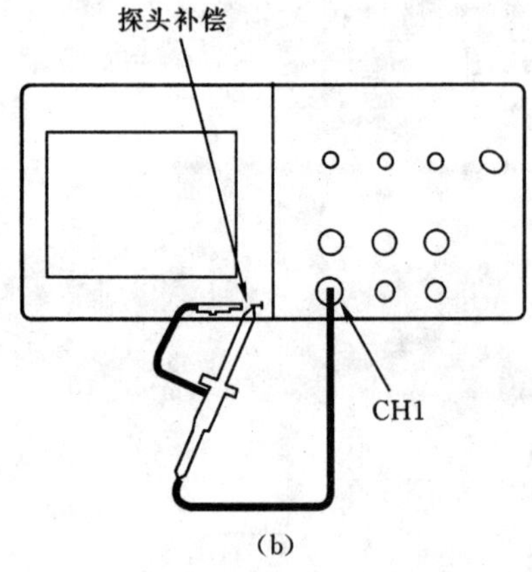

(b)

(b)将示波器探头连接器与通道CH1相连,将探头上的开关设定到10X。把探头和基准导线连接到探棒补偿器的连接器上。

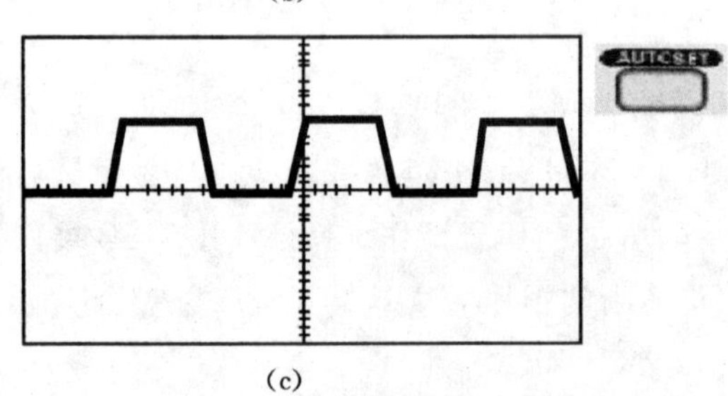

(c)

(c)按“自动设置”按钮。在几秒内,应当可以看到频率为1 kHz,电压峰峰值为5 V的方波 。按两次前面板上的CH1 MENU按钮,删除显示通道1波形。

图1-2-5　功能检查

③探头补偿:可匹配探头和输入通道,应在将探棒与任一输入通道连接时进行此项调节,如图1-2-6所示。操作步骤如下:

图1-2-6　探头补偿

(a)将示波器探棒与通道1连接。将探头和基准导线与“探头补偿”连接。然后按“AUTOSET”钮。如使用钩形头,应稳固地将探头扭转到探棒上。

(b)检查所显示波形的形状。

(c)调节探棒,必要时重复操作,直到波形“补偿正确”为正。

④探棒衰减设定:探头有多种衰减系数,它们会影响示波器垂直标尺读数。示波器的衰减系数应与探头匹配,如要改变(检查)探头衰减设定值,按所使用通道的CHX　MENU(垂直菜单)钮,在“探头”项改变(检查)示波器“衰减”设置,同时,

探头“衰减”值应与之相同。

⑤自校正：自校正程序可迅速地使示波器信号达到最佳状态，以取得最准确的测定值。可随时运行该程序；如果环境温度变化范围达到或超过 5℃时，必须执行这个程序。若要补偿信号路径，将所有探棒或导线从通道 1 和通道 2 输入连接器断开；然后，按“UTILITY”（功能）钮，选择“自校正”，并遵照屏幕提示进行操作。

5. 基本操作

(1)面板显示区域

显示图像中除了波形外，还包含许多有关波形和仪器控制设定值的细节，如图 1-2-7 所示。

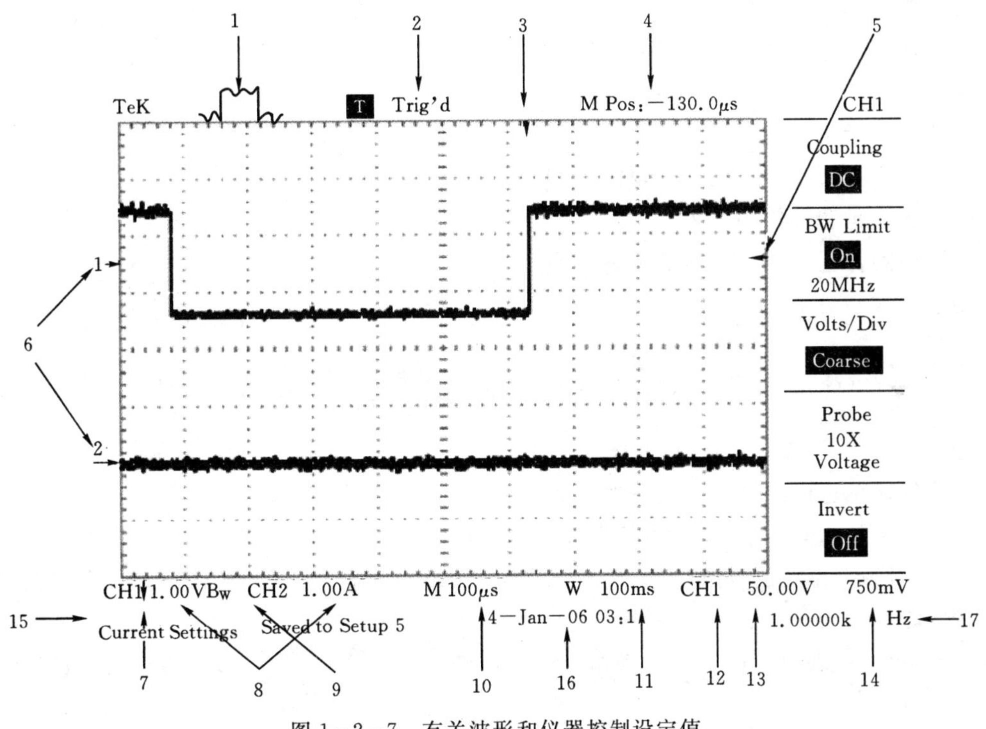

图 1-2-7 有关波形和仪器控制设定值

①以下显示图标表示获取方式：

 采样方式。

峰值检测方式可限制混淆，抗窄脉冲干扰。

平均值方式（在取样状态下获取数值，然后取平均值计算，选择获取次数 4、16、64 或 128，以得到波形平均值），可减少噪声干扰。

②触发状态显示如下：

□ Armed(已配备)。示波器正在采集预触发数据。在此状态下忽略所有触发。

R Ready(准备就绪)。示波器已采集所有预触发数据并准备触发。

T Trig'd(已触发)。示波器发现一个触发，并正在采集触发后的数据。

● Stop(停止)。示波器已停止采集波形数据。

● Acq. Complete(采集完成)。示波器已经完成"单次序列"采集。

R Auto(自动)。示波器处在自动方式并在无触发状态下采集波形。

□ Scan 扫描。在扫描模式下示波器连续采集并显示波形。

③显示水平触发位置。旋转"水平位置"旋钮,可调整水平标记位置。

④显示中心刻度处时间的读数。触发时间为零。

⑤显示边沿或脉冲宽度触发电平的标记。

⑥屏幕上的标记指明所显示的地线基准点。如没有标记,不会显示通道。

⑦箭头图标表示波形是反相的。

⑧读数显示通道的垂直刻度系数。

⑨AB_W 图标表示通道的带宽受限制。

⑩读数显示主时基。

⑪如使用视窗时基,读数显示视窗时基。

⑫读数显示触发使用的触发源。

⑬采用图标显示以下选定的触发类型:

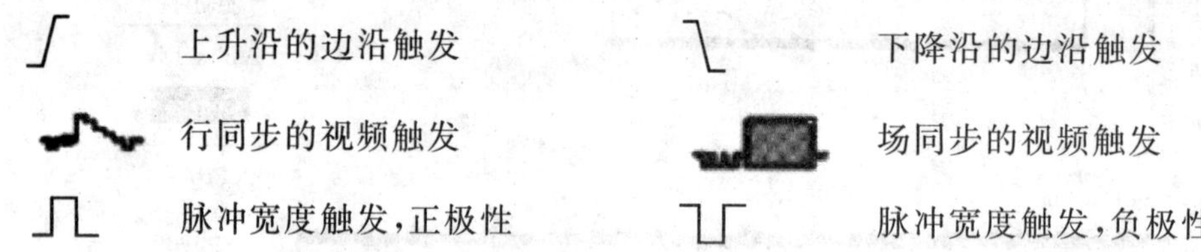

⑭读数显示边沿或脉冲宽度触发电平。

⑮显示区显示有用信息,有些信息仅显示三秒钟。

(a)访问另一菜单的方法:例如按下"TRIG MENU"(触发菜单)按钮时,可使用通用旋钮设置触发源。

(b)建议可能要进行的下一步操作:例如按下"MEASURE"(测量)按钮时,可按显示屏按钮改变测量。

(c)有关示波器所执行操作的信息;例如按下"DEFAULT SETUP"(默认设置)按钮,即调出默认设置。

(d)波形的有关信息:例如按下"自动设置"按钮时可在 CH1 上检测到正方形或脉冲;例如,如果调出某个储存波形,读数就显示基准波形的信息,如 RefA 1.00 V 500 μs。

⑯显示日期和时间。

⑰显示触发频率。

6. 使用菜单操作系统

示波器的用户界面设计利于通过菜单结构访问特殊功能。按下前面板菜单按钮,示波器屏幕的右侧将显示相应的菜单,它与显示屏右侧未标记的按钮与菜单选项对应,用以更改选项内容。示波器使用下列几种显示菜单选项:

①页(子菜单)选择:对于某些菜单,可使用顶端的选项按钮来选择两个或三个子菜单,如图 1-2-8 中的"页面选择"和"循环列表"等。每次按下顶端按钮时,选项都会随之改变。例

如按下“TRIG Menu”(触发菜单)中的顶部按钮时,示波器会循环显示“边沿”“视频”和“脉冲”触发子菜单。

②循环列表:每次按下选项按钮时,示波器都会将参数设定为不同的值。例如,按下 CH1 MENU(CH1 菜单)按钮,再按下顶端的选项按钮可在“垂直(通道)耦合”各选项间切换。在某些列表中,可以使用多用途按钮来选择选项。使用多用途按钮时,提示行会出现提示信息,并且当旋钮处于活动状态时,多用途按钮附近的 LED 变亮。

③动作:示波器将显示按下“动作选项”按钮时立即发生的动作类型。例如,如果在出现“帮助索引”时按下“下一页”选项按钮,示波器将立即显示下一页索引项。

④单按钮:示波器的每一选项都使用不同的按钮,当前选择的选项突出显示。例如,按下“ACQUIRE”(采集)菜单按钮时,示波器会显示不同的获取方式选项。

要选择某个选项,可按下如图 1-2-8 所示的相应按钮。

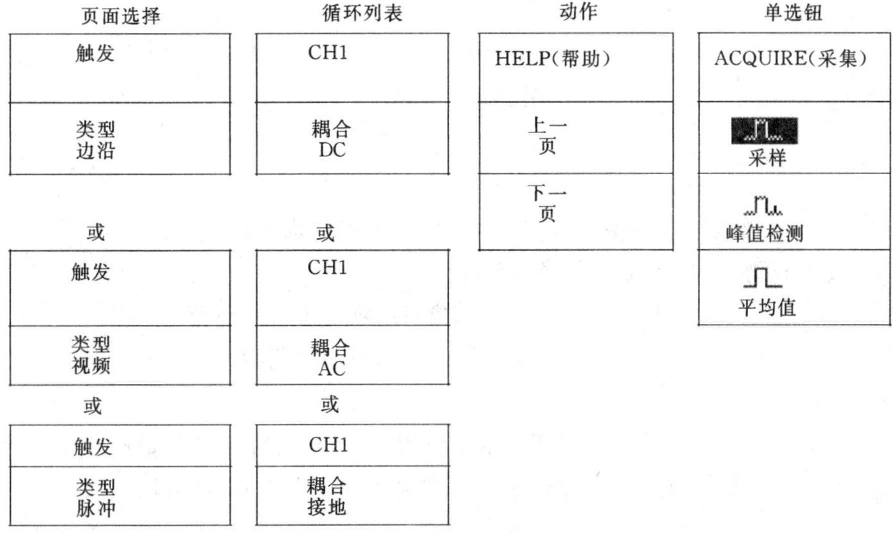

图 1-2-8 选项相应按钮

7. 垂直控制旋钮与通道菜单按钮

通道 1 和通道 2 的垂直控制部分有 2 个旋钮,如图 1-2-9 所示。

①VOLTS/DIV (伏/格)旋钮。使用伏/格旋钮可改变显示波形的垂直刻度。例如:如果通道 1 的垂直刻度设置为每格 5 V,在屏幕上读出为 CH1 5.00 V,那么通道 1 在屏幕上的波形显示每一格就代表 5 V,整个垂直的 8 格代表满刻度 40 V 峰峰值。

②POSITION(位置)旋钮。使用每一通道的垂直位置旋钮可上下移动波形的显示。

③两通道中都有对应的通道菜单按钮(CHX MENU)和共用的数学按钮(MATH MENU),可实现两通道波形相加减。

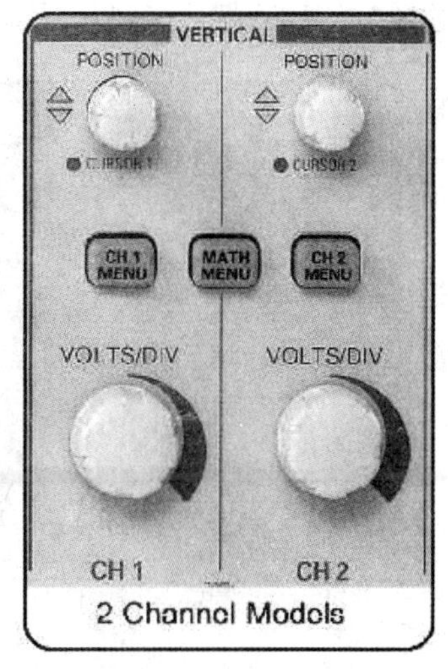

图 1-2-9 垂直控制

8. 水平控制旋钮与水平菜单按钮

水平控制部分的旋钮和按钮如图 1-2-10 所示。

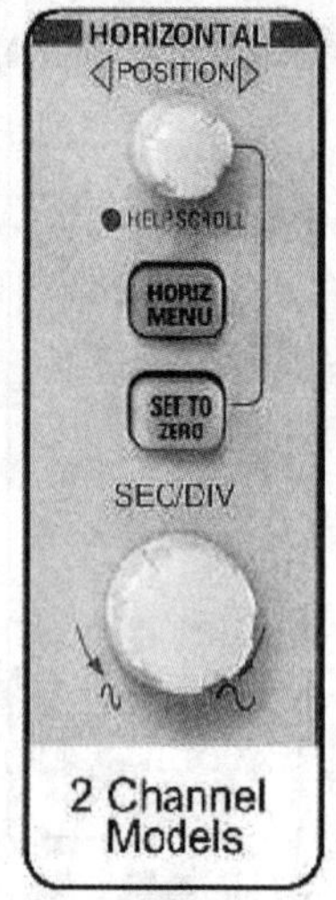

图 1-2-10　水平控制

①SEC/DIV (秒/格)旋钮。使用秒/格旋钮可改变显示波形的水平时间刻度,改变显示信号的分辨率。

②POSITION(位置)旋钮。使用水平位置旋钮可左右移动波形的显示。

③SET TO ZERO (设置为零)。按下此按钮将水平位置设置为零。

④HORIZ MENU(水平菜单)。按下此按钮显示水平菜单。

例如:当需要观察某一部分波形的细节,即实现波形的水平放大观测时,以图 1-2-11 对部分波形的放大观测为例,其操作步骤如下:

①在 HORIZONTAL(水平)部分,按下 HORIZ MENU (水平菜单)按钮。

②按屏幕菜单选择“菜单设定”功能,屏幕会显示一对白色的光标,可以使用这一组光标选择需要放大的部分。

③使用 HORIZONTAL POSITION(水平位置)旋钮将光标移动到最后一个上升沿。

④旋转 SEC/DIV(秒/格)旋钮至显示区下部显示 W 10.0 μs,将出现如图 1-2-11(a)所示的波形。

⑤用水平位置旋钮将该边沿移动到屏幕中央,旋转 SEC/DIV 旋钮直到显示 W 500 ns。选择“视窗扩展”功能,将在屏幕上看到如图 1-2-11(b)所示的展开上升沿。

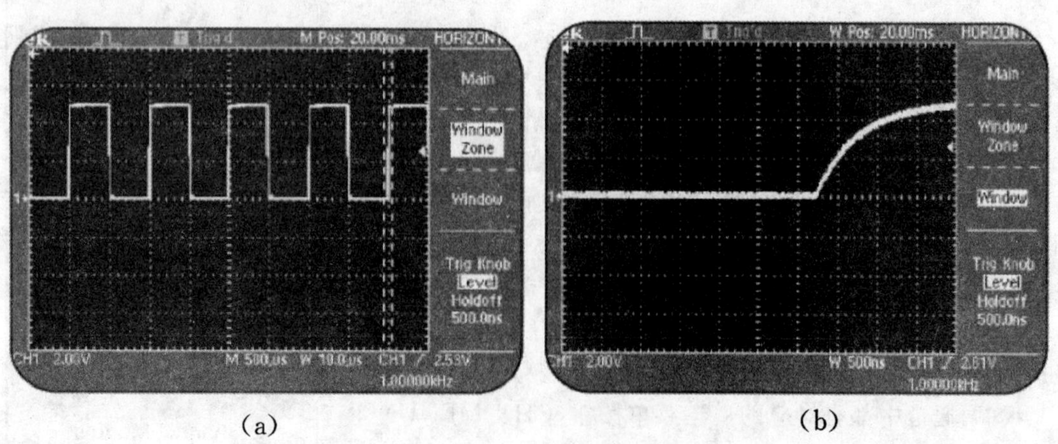

(a)　　(b)

图 1-2-11　对部分波形的放大观测

9. 触发控制

触发控制部分的作用是通过对触发的控制，选择适当的触发点，稳定地显示波形。可以显示重复信号，也可以捕捉单次信号，如图 1－2－12 所示。

1）触发菜单按钮和电平旋钮

①LEVEL（电平）旋钮。使用这一按钮在边沿触发时可控制触发电平，也可以控制触发释抑时间（在各次触发之间，加入一定的延时，调整同步）。设置释抑时间，需要进入“水平”菜单。

②TRIG MENU（触发菜单）按钮。使用这一按钮显示触发菜单及其选项，包括触发类型、触发源、触发模式等。

③SET TO 50％（设为 50％）按钮。使用这一按钮选择垂直中点作为触发电平。

④FORCE TRIG（强制触发）按钮。使用这一按钮在触发条件不能满足时完成一次触发。这一手动触发功能在 Normal（正常）或 SINGLE SEQ（单次）触发时非常有用。

⑤TRIG VIEW（触发观察）按钮。使用这一按钮显示触发信号波形而不是当前通道的波形。使用这一按钮可检查触发情况。

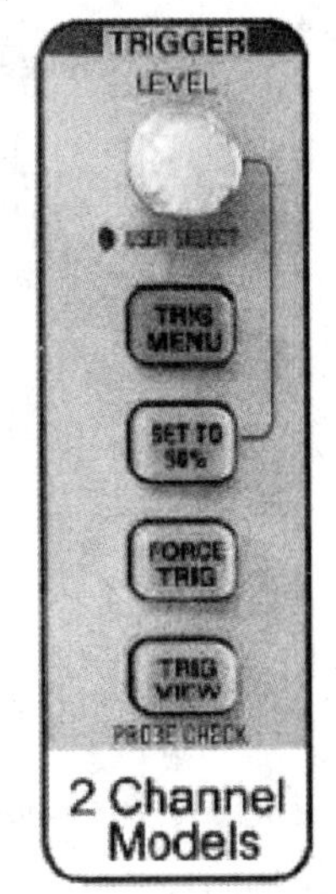

图 1－2－12 触发控制

2）触发菜单

（1）触发类型

使用边沿触发，触发于信号的上升或下降边沿，

视频信号触发，触发于视频信号的场（可以是 NTSC、PAL）或者行（SECAM 制式）。

脉冲宽度触发，用来捕捉特定脉冲宽度的信号。如波形宽度超过一定范围触发。

例如，边沿触发操作步骤如下：

①将通道 1 探头连接到 5V@1kHz 探头补偿信号上，连接地线，除去通道 2 的探头。

②按 DEFAULT SETUP（恢复默认设置）按键。

③按 AUTOSET（自动设置）按键。

④在 HORIZONTAL（水平）部分，改变 SEC/DIV（秒/格）按钮直到显示 M 2.50 μs。

⑤在 TRIGGER（触发）部分按 TRIG MENU（触发菜单）按键，可以看到默认的选项是 Edge（边沿）触发模式。

⑥在 HORIZONTAL（水平）部分，按 HORIZ MENU（水平菜单），Set Trigger Hold off 是默认选项。

⑦旋转 LEVEL（触发电平）旋钮，改变触发电平，直到屏幕上显示触发电平为 1.52 V。

这样，示波器将在信号上升沿通过 1.52 V 点时触发，如图 1－2－13 所示。

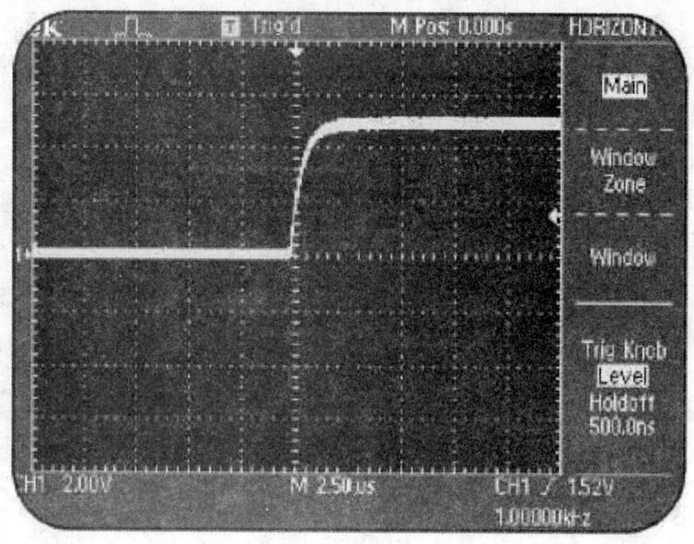

图 1-2-13　触发电平选择

例如脉冲宽度触发操作步骤如下：

①将通道 1 连接到实验板信号 5 PSEUDO RANDOM(伪随机序列)信号上。

②按 DEFAULT SETUP (恢复默认设置)按键。

③按 AUTOSET(自动设置)按键。

④在 TRIGGER(触发)部分按 TRIG MENU(触发菜单)按键。

⑤设定“类型”为“脉冲”。

⑥按 Source CH1(信源 CH1)按钮，确认信源为 CH1。

⑦设定“当”为“＝”。

⑧Pulse Width 1.00 ms(脉冲宽度 1.00 ms)按钮，旋转按钮直到如图 1-2-14 所示显示 Pulse Width 297 ns。

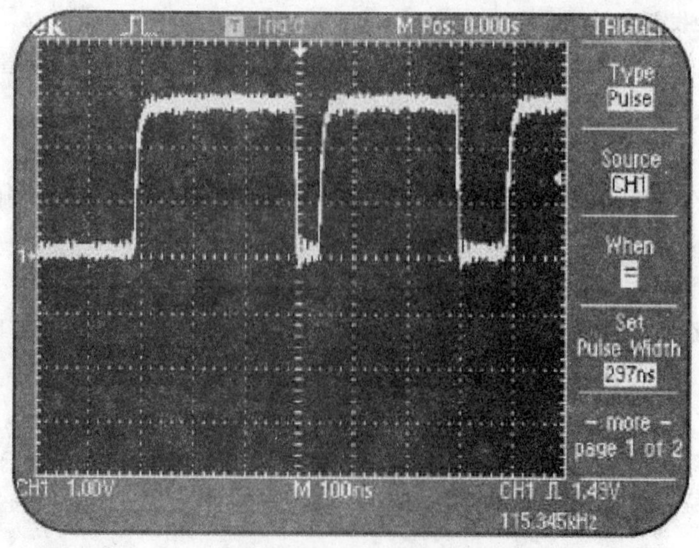

图 1-2-14　脉冲宽度触发

(2)触发耦合

①DC (直流耦合):传递直流和交流分量。

②Noise Reject(噪声抑制):提高触发信号的峰峰值,避免噪声干扰造成的错误触发。

③HF Reject(高频抑制):只许低于 50 kHz 的信号成分进入触发,可减少高频噪声对触发的影响。

④LF Reject:(低频抑制)是一种交流触发模式,只许频率高于 50 kHz 的信号进入触发电路。

⑤AC(交流触发):隔断触发信号的直流成分,只允许频率大于 10 Hz 的信号进入触发电路。

可以通过 TRIGGER VIEW(触发观察)按键观察不同触发耦合模式下的信号变化。

(3)外触发

TDS1000 系列示波器有专门的外触发输入通道,在使用时钟信号作同步的场合,可以使用时钟信号作为触发源,观测电路的运行情况。

操作步骤:

①将 CH1 的探头连接到实验板的信号 5 PSEUDO RANDOM(伪随机序列)信号上,探头地连接地线(信号 7)。(实验板须由老师提供)

②按 DEFAULT SETUP (恢复默认设置)按键。

③按 AUTOSET(自动设置)按键。

④另一个探头连接到 EXT TRIG(外触发)通道连接器上。

⑤连接这一探头到测试板信号 2 CLK 20 MHz(时钟),并连接地线。

⑥在 TRIGGER(触发)部分按 TRIG MENU(触发菜单)按键。

⑦设定“信源”为“Ext”以及“斜率”为“下降”。

⑧选择触发电平为 256 mV。

⑨改变 CH1 VOLTS/DIV (伏/格)至 CH1 500 mV。调节通道 1 “位置”按钮,将波形放到屏幕中间。

⑩在 HORIZONTAL(水平)部分,通过调节 SEC/DIV(秒/格)旋钮,使得水平刻度显示 M 10.0 ns。将看到如图 1-2-15 所示的显示图像。

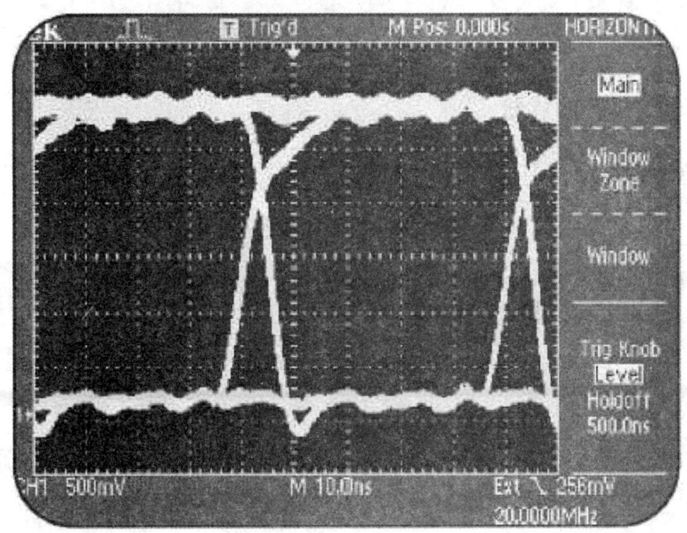

图 1-2-15 外触发

(4)单次触发

单次触发用来捕捉转瞬即逝的单次信号。

①连接通道 1 到实验板信号 16 FAST RISE TIME (快速上升时间)信号上。

②按 DEFAULT SETUP (恢复默认设置)按键。

③在 VERTICAL(垂直)部分,旋转 CH1 VOLTS/DIV(伏/格)旋钮,将通道 1 的垂直刻度设为 CH1 200 mV。

④在 VERTICAL(垂直)部分,反时针旋转 CH1 POSITION(位置)旋钮,将通道 1 的垂直位置向下移动 2 格。

⑤改变水平设置,将水平刻度设为 M 5.00 ns。

⑥在 TRIGGER(触发)部分,将触发电平设为 200 mV。

⑦按前面板的 SINGLE SEQ(单次触发)按钮,确认屏幕显示 Ready。

⑧按 PRESS FOR SINGLE - SHOT 轻触开关,将产生一个快速的单次信号。

⑨屏幕将显示 Acq Complete (采集完成)和如图 1 - 2 - 16 所示的单次脉冲。

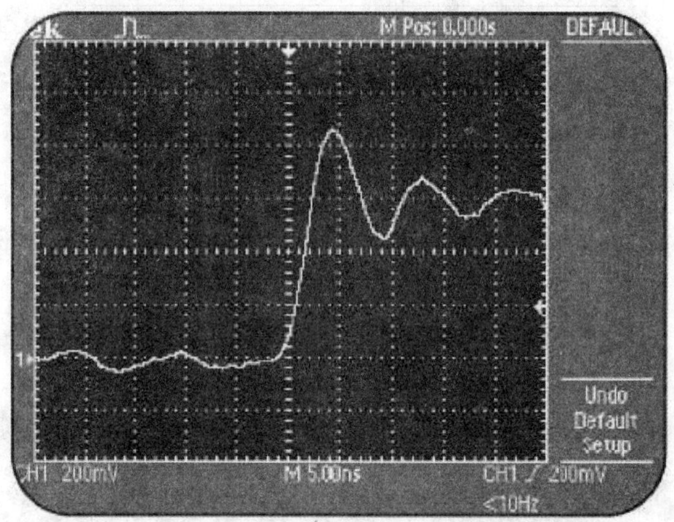

图 1 - 2 - 16 单次触发

10. 通用旋钮与菜单控制旋钮

图 1 - 2 - 17 左上角所示的通用旋钮通过显示菜单或选定的菜单选项来确定功能。

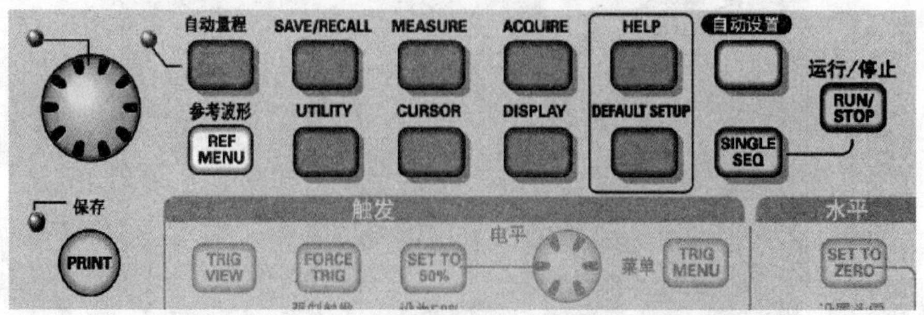

图 1 - 2 - 17 通用旋钮

激活时，相邻 LED 变亮。例如，菜单为光标选项时，采用通用旋钮，可以定位选定的光标；菜单为显示时，可以改变屏幕的对比度等。通常菜单显示后，屏幕会提示旋钮功能，可按提示操作。同理，对各按钮、配合菜单的使用见表 1－2－1。

表 1－2－1 各按钮/配合菜单的功能表

按钮	功能
自动量程	显示“自动量程”菜单，并激活或禁用自动量程功能。自动量程激活时，相邻的 LED 变亮
SAVE/RECALL(储存/调出)	显示设置和波形的 Save/Recall(保存/调出)菜单
MEASURE(测定)	显示“自动测量”菜单
ACQUIRE(获取)	显示 Acquire(采集)菜单
REF MENU(参考波形)	显示 Reference Menu(参考波形)菜单，以快速显示或隐藏储存在示波器非易失性储存器中的参考波形
UTILITY(功能)	显示 Utility(辅助功能)菜单
CRUSOR(光标)	显示 Cursor(光标)菜单。离开光标菜单后，光标仍保持显示(除非“类型”选项设置为“关闭”)，但不能进行调整
DISPLAY(显示)	显示 Display(显示)菜单
HELP(帮助)	显示 Help(帮助)菜单
DEFAULT SETUP(默认设置)	调出出厂设置
自动设置	自动设定仪器各项控制值，以产生可使用的输入信号
SINGLE SEQ(单次序列)	SINGLE SEQ(单次序列)
RUN/STOP(运行/停止)	启动或停止波形获取
PRINT(打印)/保存	启动打印操作，或执行保存到 USB 闪存驱动器功能。当 PRINT(打印)按钮配置为数据储存到 USB 闪存驱动器时，LED 灯指示

注：USB 接口位于显示区右下方，可以插入一个 USB 存储器，用于文件存储，使用时可参阅《用户手册》。

11. 实验举例

1)简单测量

若要查看电路中的某个未知信号，希望快速显示该信号，并测量其频率、周期和峰峰值幅度，可将示波器的探头及其基准导线分别夹在被测对象的两端，如图 1－2－18 所示。

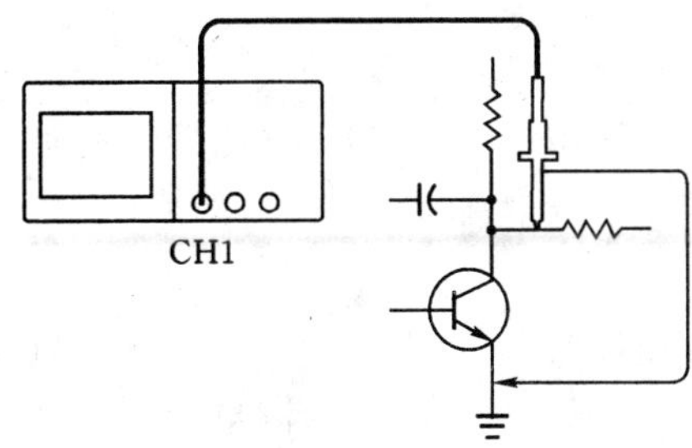

图 1－2－18 示波器的探头连接

(1)使用“自动设置”

要快速显示某个信号,可按如下步骤进行:

①按下 CH1 MENU(CH1 菜单)按钮。

②按下“探头”→“电压”→“衰减”→“10X”。

③将 P2220 探头上的开关设定为 10X。

④将通道 1 的探头端部与信号连接;将基准导线连接到电路基准点。

⑤按下“自动设置”按钮。

自动设置垂直、水平和触发控制。如果要优化波形的显示,可手动调整上述控制。示波器根据检测到的信号类型在显示屏的波形区域中显示相应的自动测量结果。

(2)进行自动测量

示波器可自动测量多数显示信号,如图 1-2-19 所示。如果“值”读数中显示问号(?),则表明信号在测量范围之外。请将“伏/格”旋钮调整到适当的通道以减小灵敏度或更改“秒/格”设置。

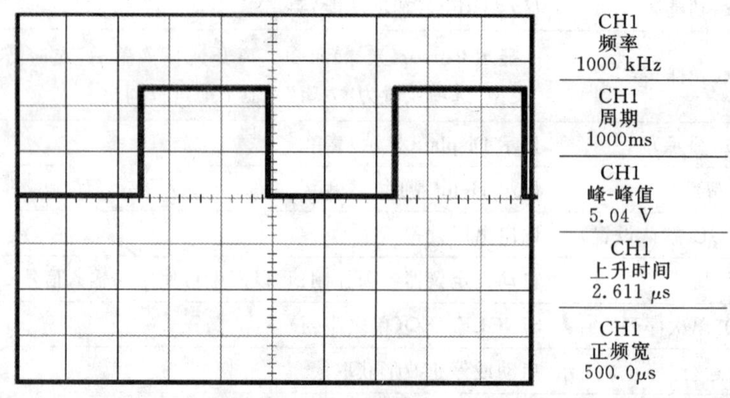

图 1-2-19

若要测量信号的频率、周期、幅度峰峰值、上升时间以及正频宽,可按以下步骤操作:

①按下 MEASURE(测量)按钮查看 Measure(测量)菜单。

②按下顶部选项按钮,显示 Measure 1 Menu(测量 1 菜单)。

③按下“类型”→“频率”。

④按下“返回”选项按钮。

⑤按下顶部第二个选项按钮,显示 Measure 2 Menu(测量 2 菜单)。

⑥按下“类型”→“周期”。

⑦按下“返回”选项按钮。

⑧按下中间的选项按钮,显示 Measure 3 Menu(测量 3 按钮)。

⑨按下“类型”→“峰峰值”,“值”读数将显示测量结果及更新信息。

⑩按下“返回”选项按钮。

⑪按下底部倒数第二个选项按钮,显示 Measure 4 Menu(测量 4 菜单)。

⑫按下“类型”→“上升时间”,“值”读数将显示测量结果及更新信息。

⑬按下“返回”选项按钮。

⑭按下底部的选项按钮，显示 Measure 5 Menu(测量 5 菜单)。

⑮按下"类型"→"正频宽"，"值"读数将显示测量结果及更新信息。

⑯按下"返回"选项按钮。

2)同时测量两个信号

若要测量音频放大器的增益，需要将音频发生器输出信号连接到放大器输入端。将示波器的两个通道分别与放大器的输入和输出端相连，如图 1－2－20 所示。测量两个信号的波形和电平量值，并使用测量结果计算增益的大小。如图 1－2－21 所示。

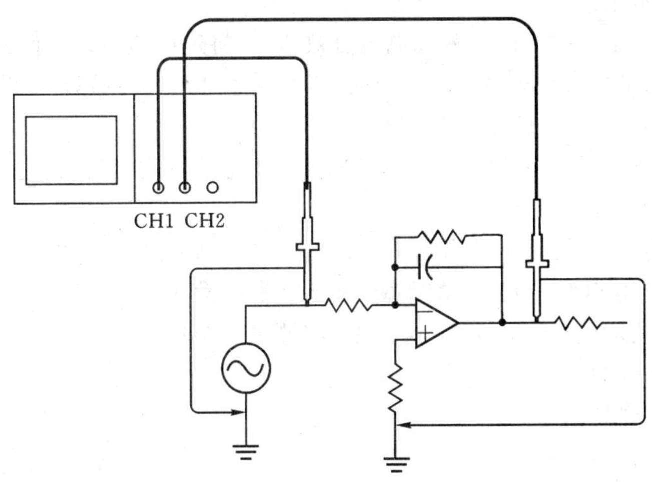

图 1－2－20 示波器的两个通道的连接

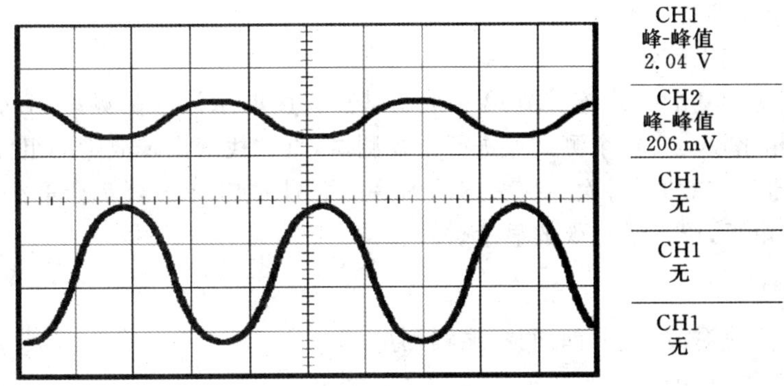

图 1－2－21 测量结果 bnvb

选择两个通道进行测量，请执行以下步骤：

①按下"自动设置"按钮。

②按下 MEASURE (测量)按钮查看 Measure(测量)菜单。

③按下顶部选项按钮，显示 Measure 1 Menu(测量 1 菜单)。

④按下"信源"→CH1。

⑤按下"类型"→"峰峰值"。

⑥按下"返回"选项按钮。

⑦按下顶部第二个选项按钮，显示 Measure 2 Menu（测量 2 菜单）。

⑧按下“信源”→CH2。

⑨按下“类型”→“峰峰值”。

⑩按下“返回”选项按钮。读取两个通道的峰峰值幅度。

⑪可使用以下公式计算放大器的电压增益：

电压增益＝输出幅度÷输入幅度

电压增益（dB）＝20×lg（电压增益）

3）使用自动测量来检查一系列测试点

如果需要测量若干测试点的频率和电压有效值，并将这些值与理想值相比较，不能通过前面板控制，因为在测量探头很难触到测试点时，必须两手并用。可按以下步骤操作。

①按下 CH1 MENU（CH1 菜单）按钮。

②按下“探头”→“电压”→“衰减”，对衰减进行设置，使其与连接到通道 1 的探头衰减相匹配。

③按下“自动测量”按钮以激活自动量程，并选择“垂直和水平”选项。

④按下 MEASURE（测量）按钮查看 Measure（测量）菜单。

⑤按下顶部选项按钮，显示 Measure1 Menu（测量 1 菜单）。

⑥按下“信源”→CH1。

⑦按下“类型”→“频率”。

⑧按下“返回”选项按钮。

⑨按下顶部第二个选项按钮，显示 Measure 2 Menu （测量 2 菜单）。

⑩按下“信源”→CH1。

⑪按下“类型”→“均方根值”。

⑫按下“返回”选项按钮。

⑬将探头端部和基准导线连接到第一个测试点。读取示波器的频率和周期均方根测量值，并与理想值相比较。对每个测试点进行重复测试，直到找到出现故障的组件。

说明：自动量程有效时，每次当探头移动到另一个测试点，示波器都会重新调整水平刻度、垂直刻度和触发电平，以提供有效的显示。

12. * 光标测量

使用光标可快速对波形进行时间和振幅测量。

1）测量振荡频率和振幅

要测量某个信号上升沿的振荡频率，可执行以下步骤：

①按下 CURSOR（光标）按钮查看 Cursor（光标）菜单。

②按下“类型”→“时间”。

③按下“信源”→“CH1”。

④按下“光标 1”选项按钮。

⑤旋转通用旋钮，将光标置于振荡的第一个波峰上。

⑥按下“光标 2”选项按钮。

⑦旋转通用按钮，将光标置于振荡的第二个波峰上。可在 Cursor（光标）菜单中查看时间和频率增量（测量所得的振荡频率）如图 1－2－22 所示。

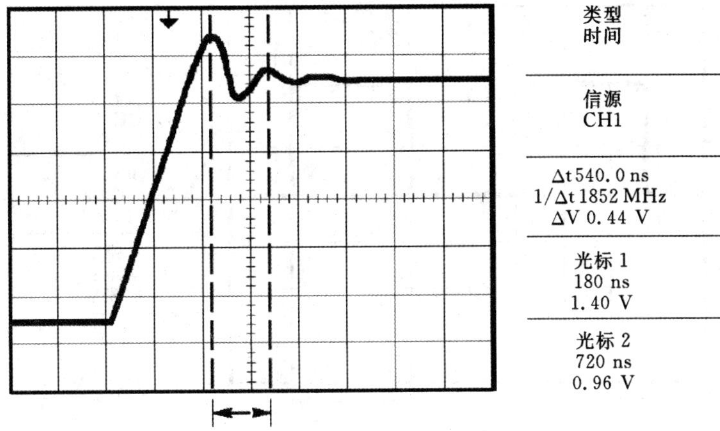

图 1-2-22 时间和频率增量

⑧按下“类型”→“幅度”。

⑨按下“光标 1”选项按钮。

⑩旋转通用旋钮，将光标置于振荡的第一个波峰上。

⑪按下“光标 2”选项按钮。

⑫旋转通用旋钮，将光标 2 置于振荡的最低点上。

在 Cursor(光标)菜单中将显示振荡的振幅，如图 1-2-23 所示。

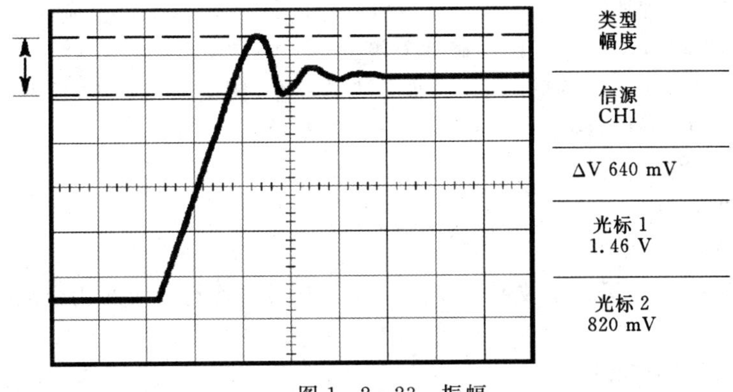

图 1-2-23 振幅

2)测量脉冲宽度

若需分析某个脉冲波形，并且要测量脉冲宽度，可执行以下步骤：

①按下 CURSOR(光标)按钮查看 Cursor(光标)菜单。

②按下“类型”→“时间”。

③按下“信源”→CH1。

④按下“光标 1”选项按钮。

⑤旋转通用旋钮，将光标置于脉冲的上升沿。

⑥按下“光标 2”选项按钮。

⑦旋转通用旋钮，将光标置于脉冲下降沿。此时可在 Cursor(光标)菜单(如图 1-2-24 所示)中看到以下测量结果：

- 光标 1 处相对于触发的时间；光标 2 处相对于触发的时间。
- 表示脉冲宽度测量结果的时间增量。

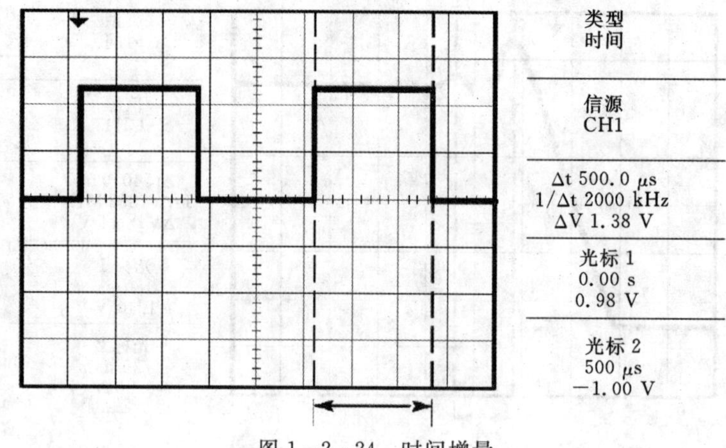

图 1-2-24　时间增量

3)测量上升时间

测量脉冲的上升时间(脉冲幅度最初到达幅度的 10%和幅度的 90%的时间间隔)可执行以下步骤:

①旋转"秒/格"旋钮以显示波形的上升边沿。

②旋转"伏/格"和"垂直位置"旋钮,将脉冲幅度大约五等分。

③按下 CH1 MENU(CH1 菜单)按钮。

④按下"伏/格"→"细调"。

⑤旋转"伏/格"旋钮,将脉冲幅度精确地五等分。

⑥旋转"垂直位置"旋钮使波形居中;将波形基线定位到中心刻度线以下 2.5 等分处。

⑦按下 CURSOR(光标)按钮查看 Cursor(光标)菜单。

⑧按下"类型"→"时间"。

⑨按下"信源"→CH1。

⑩按下"光标 1"选项按钮。

⑪旋转通用旋钮,将光标置于波形与屏幕中心下方第二条刻度线的相交点处。这是波形电平的 10%。

⑫按下"光标 2"选项按钮。

⑬旋转通用旋钮,将光标置于波形与屏幕中心上方第二条刻度线的相交点处。这是波形电平的 90%。Cursor(光标)菜单中的 Δt(增量)读数即为波形的上升时间,如图 1-2-25 所示。

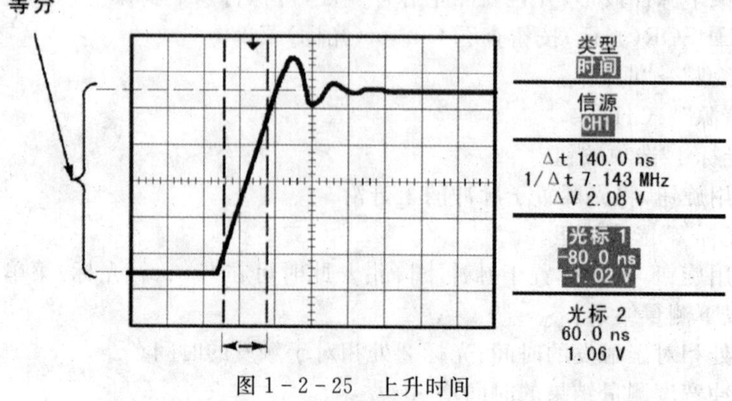

图 1-2-25　上升时间

说明:“上升时间”测量可用 Measure(测量)菜单中的自动测量。而在“自动设置”菜单中选择“上升边沿”选项时,也将显示“上升时间”。

4)捕获单脉冲信号

某电器中簧片继电器的可靠性非常差,疑似电器打开时簧片触点处有拉弧现象。打开和关闭继电器的最快速度是每分钟一次,所以需要将通过继电器的电压作为一次单触发信号来采集。设置示波器以采集单击信号,并执行以下步骤:

①将垂直的“伏/格”和水平的“秒/格”旋钮旋转到适当位置,以便于查看信号。

②按下 ACQUIRE(采集)按钮以查看 Acquire(采集)菜单。

③按下“峰值检测”选项按钮。

④按下 TRIG MENU(触发菜单)按钮查看 TRIG MENU(触发菜单)。

⑤按下“频率”→“上升”。

⑥旋转“电平”旋钮将触发电平调整为继电器打开和关闭电压之间的中间电压。

⑦按下 SINGLE SEQ(单次序列)按钮以开始采集。继电器打开后,示波器触发并采集事件,如图 1-2-26 所示。

优化采集:初始采集信号显示继电器触点在触发点处打开,随后的一个尖峰表示触点回弹且在电路中存在电感,电感会使触点拉弧。在采集下一个事件之前,可使用垂直控制、水平控制和触发控制来优化设定。使用新设置捕获到下一个采集信号后(再次按下 SINGLE SEQ(单次序列)按钮),可看到触点打开时,回弹多次,如图 1-2-27 所示。

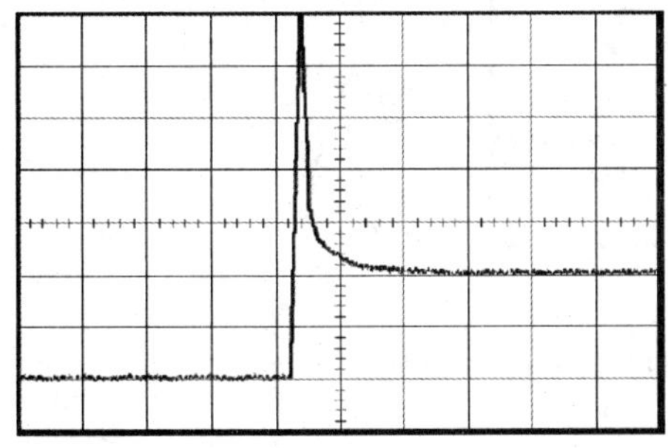

图 1-2-26 示波器触发并采集

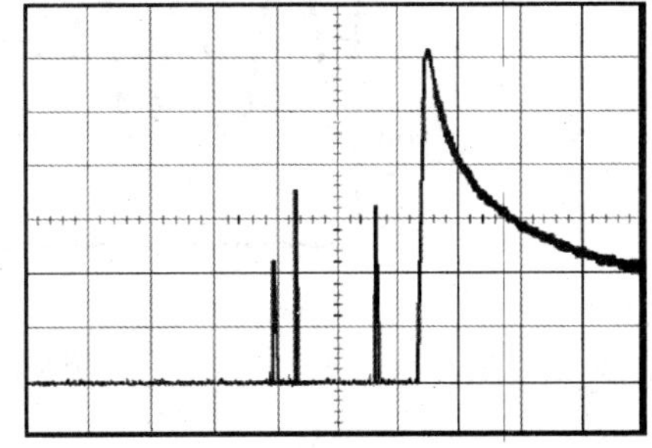

图 1-2-27 触点回弹

5)测量传播延迟

设置示波器以测量芯片选择信号和内存数据输出之间的传播延迟,测量连接示意图如图 1-2-28 所示。

要设置测量传播延迟,可执行以下步骤:

①按下“自动设置”按钮,触发一个稳定的波形显示。

②调整水平控制和垂直控制,优化波形显示。

③按下 CURSOR(光标)按钮查看 Cursor(光标)菜单。

④按下“类型”→“时间”。

⑤按下“信源”→CH1。

⑥按下“光标 1”选项按钮。

⑦旋转通用旋钮,将光标置于芯片选择信号的有效边沿上。

⑧按下“光标 2”选项按钮。

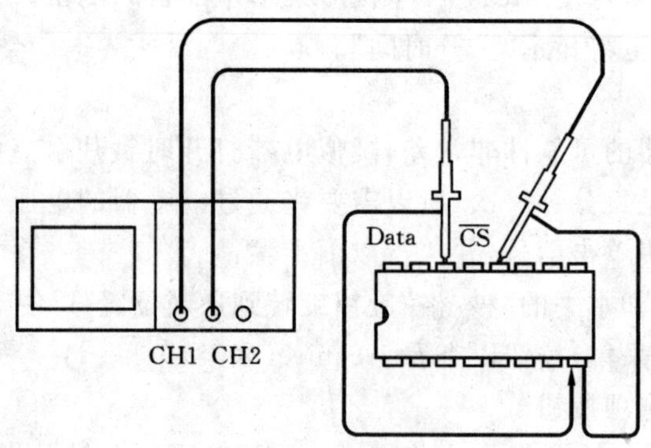

图 1-2-28　测量连示意图

⑨旋转通用旋钮，将第二个光标置于数据输出跃迁上。Cursor(光标)菜单中的 Δt 读数即为波形之间的传播延迟，如图 1-2-29 所示。

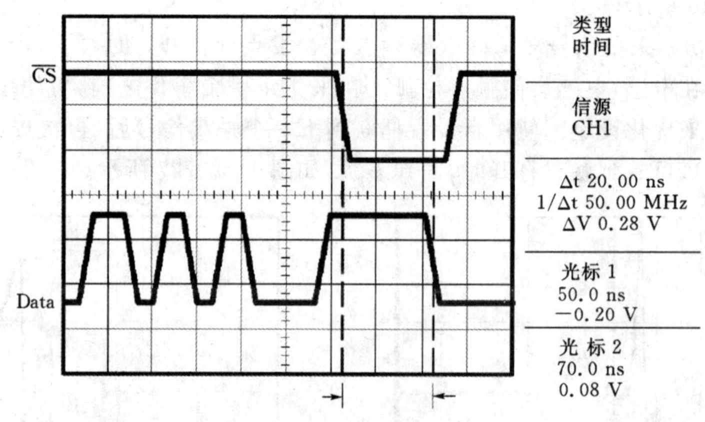

图 1-2-29　传播延迟

6)分析差分通道信号*

某个串行数据通信链路出现断续情况，怀疑是信号质量差。设置示波器以显示串行数据流的瞬时状态，这样可检验信号电平与跃变次数。如图 1-2-30 所示。

因为这是一个差分信号，所以使用示波器的数学函数可更好地显示波形，同时必须先补偿两个探头。探头补偿的差别会引起差分信号的误差。

要激活连接到通道 1 和通道 2 的差分信号，可按如下步骤进行：

①按下 CH1 MENU(CH1 菜单)按钮，选择“探头”→“电压”→“衰减”选项，然后将其设置为 10X。

②按下 CH2 MENU(CH2 菜单)按钮，选择“探头”→“电压”→“衰减”选项，然后将其设置为 10X。

③将 P2200 探头上的开关设为 10X。

④按下“自动设置”按钮。

⑤按下 MATH MENU(数学菜单)按钮查看 Math(数学)菜单。

⑥按下“操作”选项按钮，然后选择 CH1−CH2 选型按钮显示新波形，新波形表现出所显

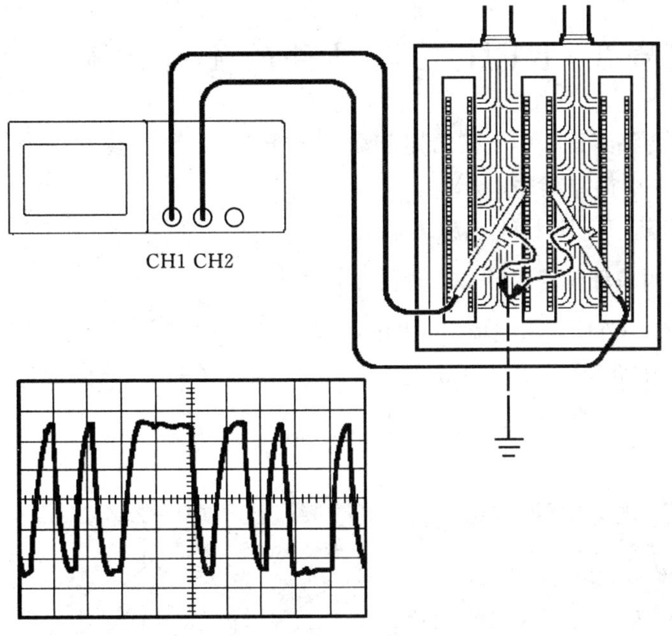

图 1-2-30 分析差分通道信号

示波形间的差异。

⑦要调整数学波形的垂直比例和位置,请执行以下步骤:

• 取消显示通道 1 和通道 2。

• 旋转 CH1 和 CH2 的“伏/格”和“垂直位置”旋钮以调整数学波形的垂直比例和垂直位置。

• 要获得更稳定的显示波形,可按下 SINGLE SEQ(单次序列)按钮以控制波形的获取。每次按下 SINGLE SEQ(单次序列)按钮后,示波器将采集数据流的一个瞬时状态。可使用光标或自动测量分析波形,也可存储波形供以后分析之用。

实验 3　KEIL C51 软件的使用和调试方法

实验目的：学会将 KEIL C51 按给定步骤装入 PC 机。学会建立一个工程文件，在 KEIL C51 上输入、调试一个简单程序。

实验仪器：PC 机、KEIL C51 编程环境。

1. KEIL C51 的编译环境

要想进入 KEIL C51 编译环境，可用鼠标双击已存在于桌面上的 KEIL C51 图标；还可从屏幕左下角的"开始"菜单进入 Keil μ vision2。KEIL C51 开始的编译环境如图 1-3-1 所示。

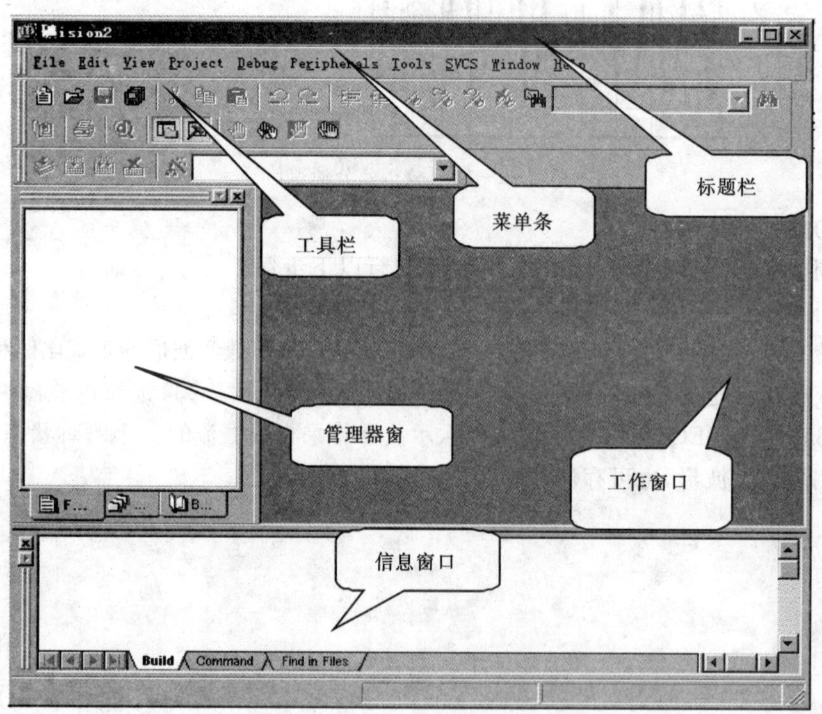

图 1-3-1　KEIL C51 的编译环境

图 1-3-1 中：

- 标题栏：显示当前编译的文件；
- 菜单条：有 10 项菜单可供选择，相应的所有操作命令均可在菜单中查找；
- 工具栏：常用命令的快捷图标按钮；
- 管理器窗口：显示工程文件的项目、各个寄存器值的变化、参考资料等；
- 信息窗口：显示当前文件编译、运行等相关信息；
- 工作窗口：各种文件的显示窗口。

2. KEIL C51 中工程文件的建立

①从菜单条中找到 Project 菜单，如图 1-3-2 所示，单击该菜单，选中下拉菜单中的 New Project 选项。

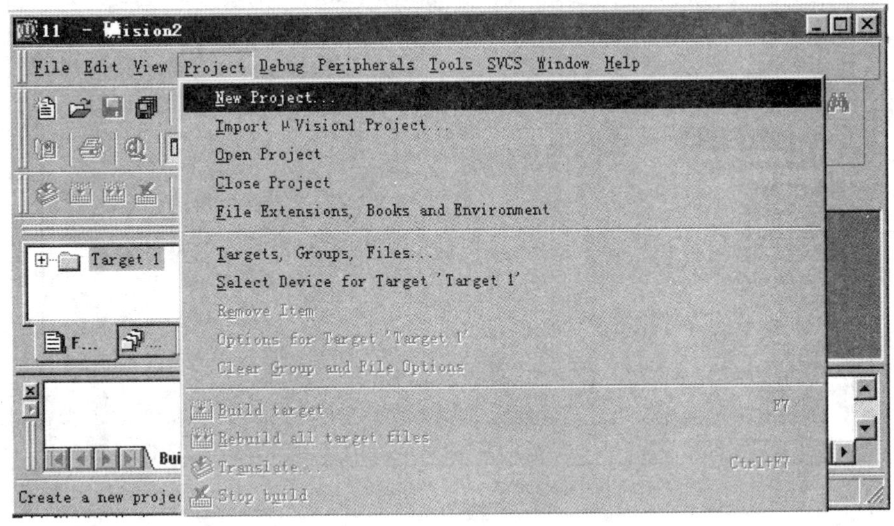

图 1-3-2 工程文件的建立

这时屏幕出现如图 1-3-3 所示的新建文件选择对话窗。根据需要，选择文件保存的位置、文件夹，并在“文件名”后输入所命名的工程文件名(无需输入扩展名)，如 11. uv2，再点击“保存”按钮。

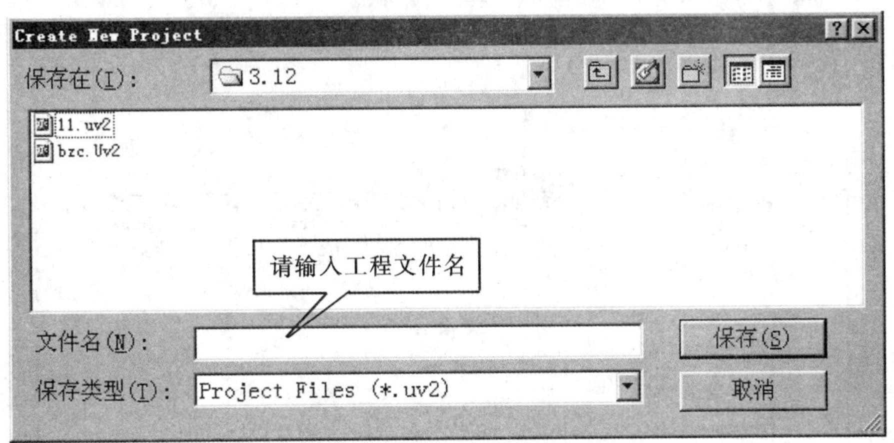

图 1-3-3 新建工程文件对话窗

②屏幕出现如图 1-3-4 所示的对话框。

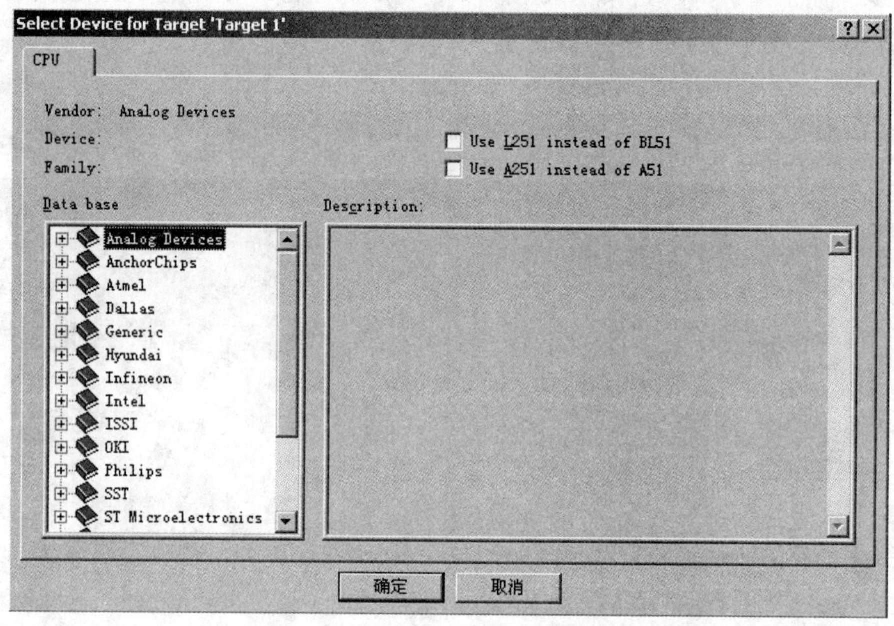

图 1-3-4　单片机生产商选择对话框

根据所使用的单片机选择生产单片机的公司和相应的型号，并按“确定”按钮。对于 QTH—2008XS 实验仪，应选择 Atmel 公司的 89C52，如图 1-3-5 所示。

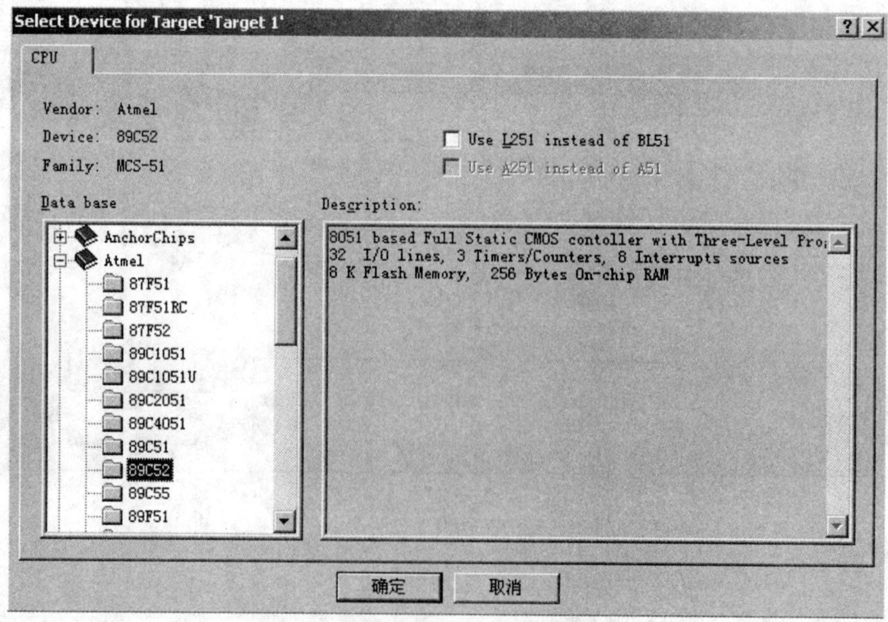

图 1-3-5　单片机型号选择对话框

③现在才真正进入程序的编写界面，如图 1-3-6 所示。

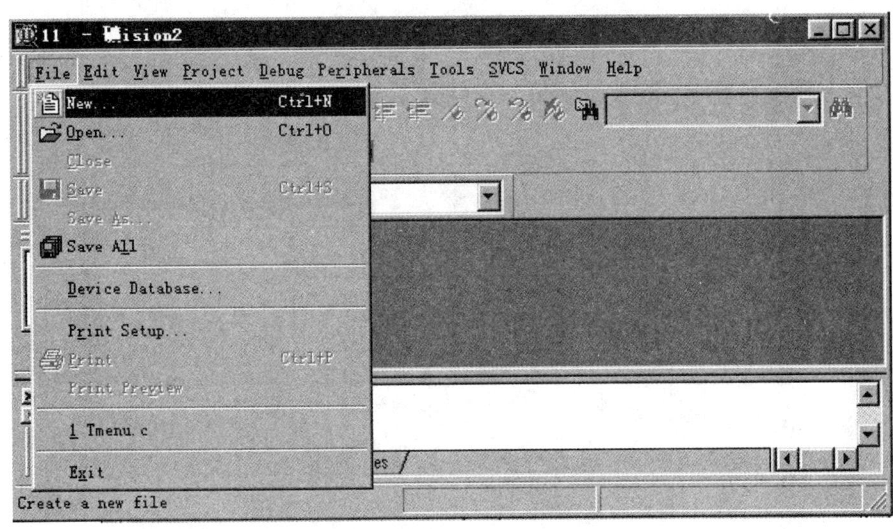

图 1-3-6 工程文件下新汇编或 C 语言程序建立对话框

单击菜单条中的 File 菜单，选中下拉菜单中的 New 选项，这里建立的是对应于所建工程文件(11.uv2)下的新汇编语言程序或 C 语言程序文件，如图 1-3-7 所示。在图中可看到编辑窗口有一空白文件，同时文件中有一个光标在闪烁，等待用户输入程序。

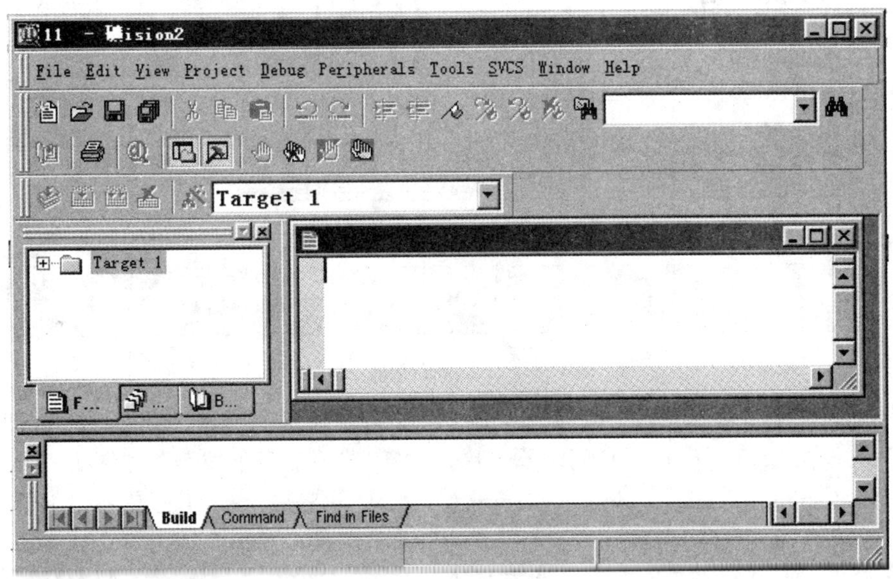

图 1-3-7 工程文件下汇编或 C 语言程序界面

④为了使用户选择正确的文件类型，现在要求对空白的文件进行保存，即在 File 菜单中选中下拉菜单 Save As 选项，屏幕如图 1-3-8 所示。在“文件名”后键入文件名和正确的扩展名(汇编语言程序扩展名为.ASM，C 语言程序扩展名为.C)，然后按“保存”按钮。

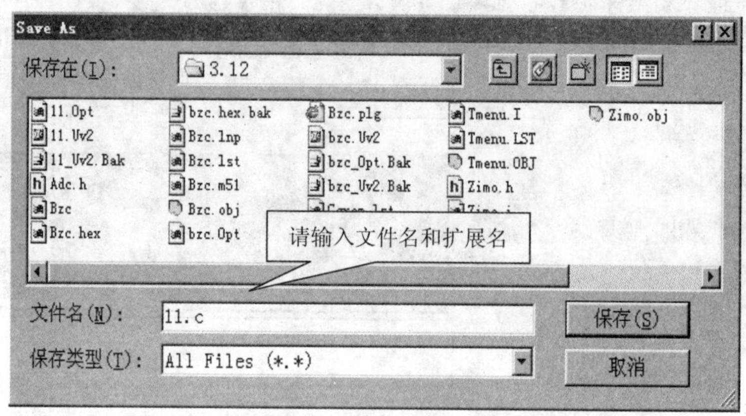

图 1-3-8　源程序文件名输入对话框

按“保存”按钮后就进入了如图 1-3-9 所示的可源程序编写程序界面。

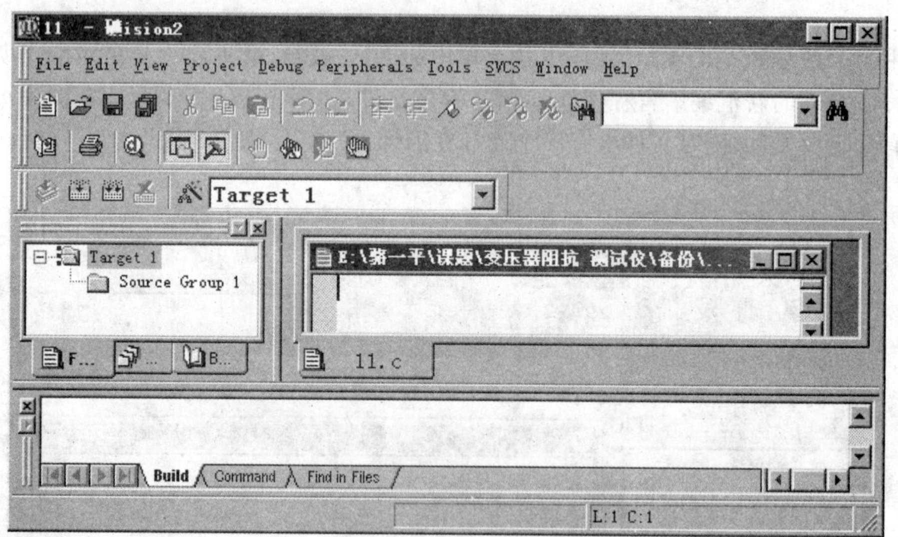

图 1-3-9　源程序编写界面

⑤单击项目 1(Target 1)左边的“+”号，这时出现树形目录下的源程序组，即“Source Group 1”。选中“Source Group 1”同时单击鼠标右键，屏幕显示下拉菜单如图 1-3-10 所示，用户选中“Add File to Group ‘Source Group 1’”选项，屏幕显示如图 1-3-11 所示对话框。根据用户的需要，选中源程序名(如 11.C)，并按“Add”键进行添加；这时再单击“Source Group 1”左边的“+”号，在“Suorce Group 1”文件夹中多了一个用户的源程序名，屏幕出现如图 1-3-12所示的界面。

⑥现在已经全部完成对一个工程文件的建立，包括相应源程序的添加，可以正式输入源程序内容了。

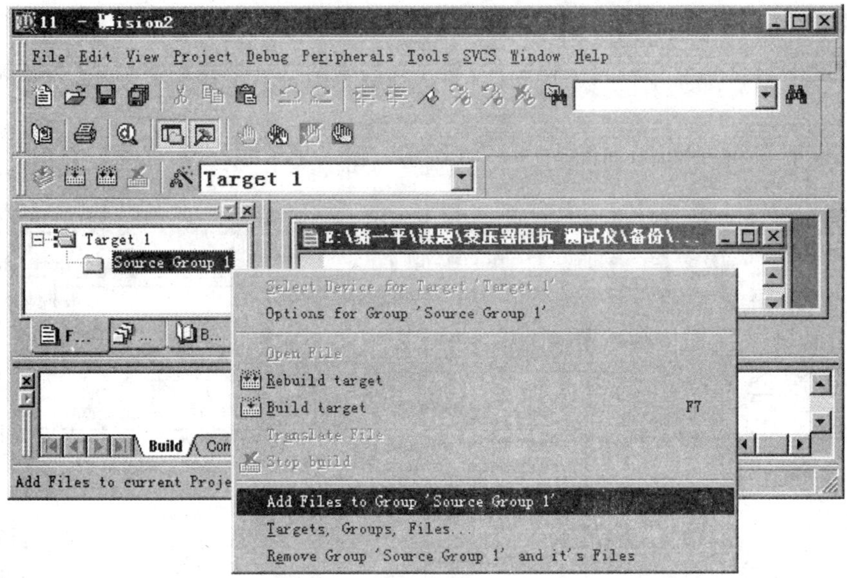

图 1-3-10 源程序添加及界面

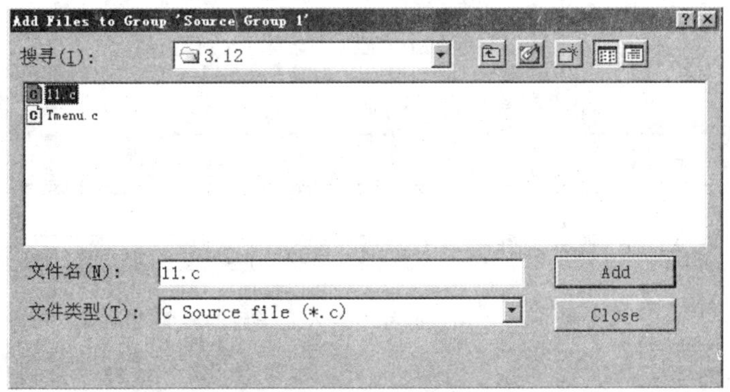

图 1-3-11 源程序添加对话框

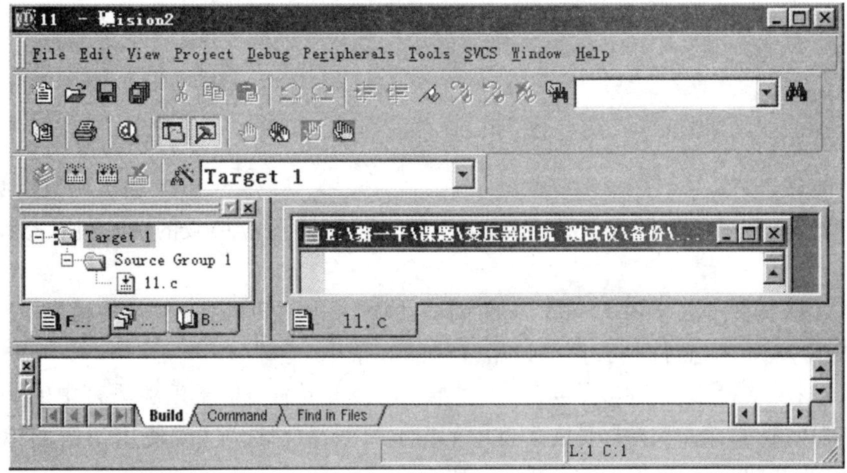

图 1-3-12 源程序添加完成界面

3. KEIL C51 中 C 语言源程序的基本调试方法

上面建立的只是一个空白的工程文件，现在我们来调试一个程序实例，以掌握源程序的基本调试方法。

①输入以下 C 语言程序，如图 1-3-13 所示。输入完毕后，进行存盘。

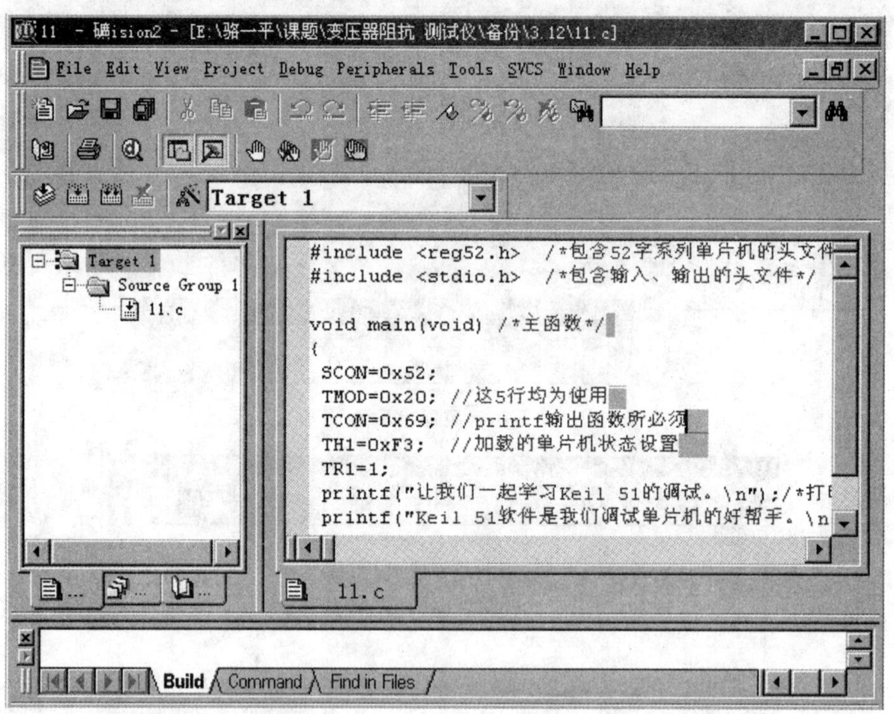

图 1-3-13　源程序输入完毕后的界面

```
#include <reg52.h>                         /* 包含 52 字系列单片机的头文件 */
#include <stdio.h>                         /* 包含输入、输出的头文件 */

void main(void)                                  /* 主函数 */
  {
    SCON = 0x52;
    TMOD = 0x20;                            //这 5 行均为使用
    TCON = 0x69;                            //printf 输出函数所必须
    TH1 = 0xF3;                             //加载的单片机状态设置
    TR1 = 1;
    printf("让我们一起学习 KEIL C51 的调试。\n");/* 打印程序执行的信息 */
    printf("KEIL C51 软件是我们调试单片机的好帮手。\n");
    while(1);                                   /* 等价于汇编语言中的 HALT */
```

②单击“Project”菜单，选中下拉菜单中的“Build target”选项（或使用快捷图标），完成程序的编译、生成机器代码，如图 1-3-14 所示。

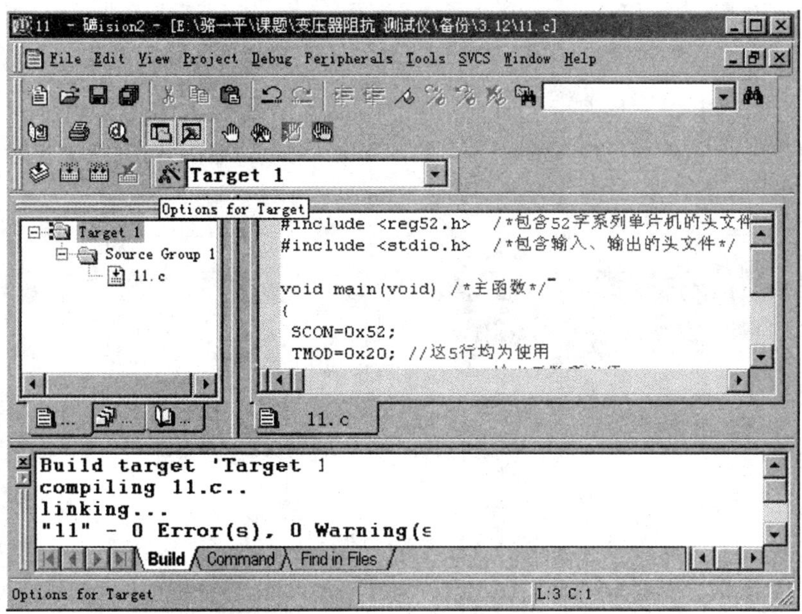

图 1-3-14　编译完毕后的界面

③在上面的状态下单击“Debug”菜单，并选中下拉菜单中的“Start/stop Debug Session”选项(或快捷图标)，进行 Debug 调试，如图 1-3-15 所示。左边管理器窗口中内容从文件

图 1-3-15　进入 Debug 调试状态的界面

树变成了寄存器树，同时显示各寄存器当前状态值。

④同理，单击“Debug”菜单并选中下拉菜单中的“Go”选项（或快捷图标），使程序连续运行（软件仿真），如图 1-3-16 所示。此时的界面与图 1-3-15 非常相似，不同之处一是常用调试工具栏的变化，出现一个红色带有“×”的圆图标（）；二是工作窗口中左边绿色光带中的黄色指针（），从指向第一句变为指向最后一句。

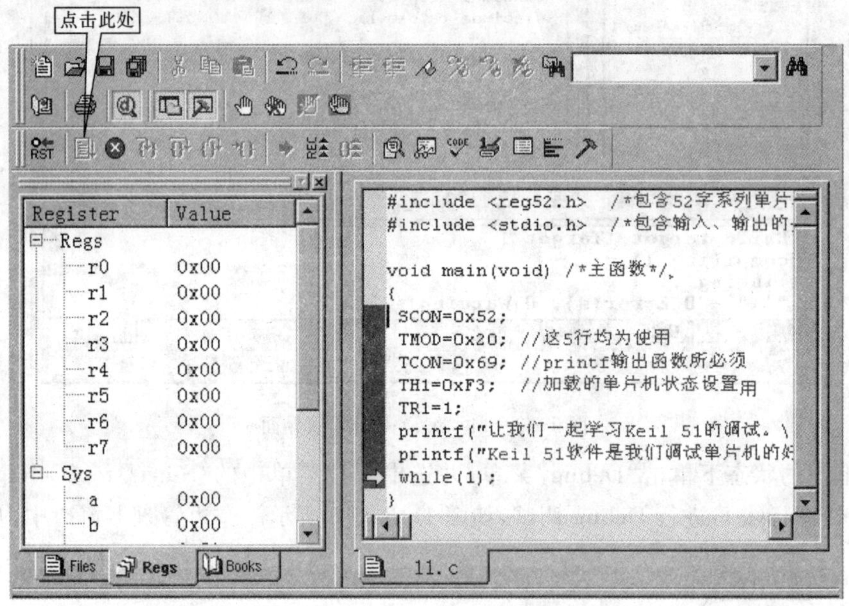

图 1-3-16　用户程序的连续运行界面

⑤这时可以利用“Debug”菜单中的“Stop Running”选项（或快捷图标），停止当前源程序的运行。再单击“View”菜单中的“Serial Windows ＃1”选项（或快捷图标），即打开当前程序的运行界面，以观察程序的运行结果（“让我们一起学习 KEIL C51 的调试。”“KEIL C51 软件是我们调试单片机的好帮手。”），如图 1-3-17 所示。

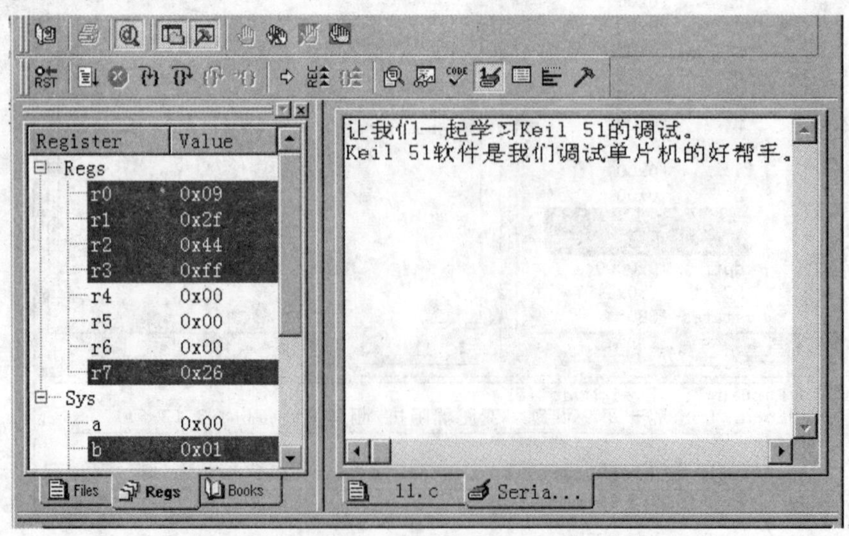

图 1-3-17　程序运行结果

⑥为了便于观察程序的运行情况，还可通过点击“Windows”菜单中的“Tile Vertically”选项，使得工作窗口中的源程序界面和其运行界面并行显示，见图 1-3-18。

图 1-3-18 工作窗口中源程序界面和其运行界面并行显示

⑦要想返回源程序的非调试状态，重新运行，可单击“Debug”菜单选中“Start/stop Debug Session”选项（或快捷图标）。至此，我们完成了 KEIL C51 源程序调试的全过程。

4. KEIL C51 中同一工程文件中多个函数的调试

C 语言的特色是程序的模块化设计。在同一工程文件下，可将源程序分割成多个函数进行编译运行。

我们仍以图 1-3-13 所示的 C 语言源程序为例，分以下步骤创建文件：

①创建名为 12.vu2 的第二个工程文件；

②选择所使用的单片机（Atmel 公司的 AT89C52）；

③把 printf 输出函数必须加载的 5 行源程序编写成 serial_initial 函数，函数如下：

```
#include <reg52.h>               /* 包含 52 字系列单片机的头文件 */
#include <stdio.h>               /* 包含输入、输出的头文件 */
void serial_initial(void)        /* 主函数 */
{SCON = 0x52;
 TMOD = 0x20;                    //这 5 行均为使用
 TCON = 0x69;                    //printf 输出函数所必须
 TH1 = 0xF3;                     //加载的单片机状态设置
 TR1 = 1;}
```

将上述函数保存，文件名为 serial_initial.c；

④将剩余的源程序按 mian(主函数)如下方式编写，保存文件名为 12.c。

```
#include <reg52.h>                  /* 包含 52 字系列单片机的头文件 */
#include <stdio.h>                  /* 包含输入、输出的头文件 */
extern serial_initial();            /* 对外部函数的声明 */
void main(void)                     /* 主函数 */
{
serial_initial();                   /* 外部函数的调用 */
printf("让我们一起学习 KEIL C51 的调试。\n"); /* 打印程序执行的信息 */
printf("KEIL C51 软件是我们调试单片机的好帮手。\n");
while(1);                           /* 等价于汇编语言中的 HALT */
}
```

⑤分别将一编写好的 serial_initial.c 和 12.c 添加到 12.vu2 工程文件中，如图 1-3-19 所示；

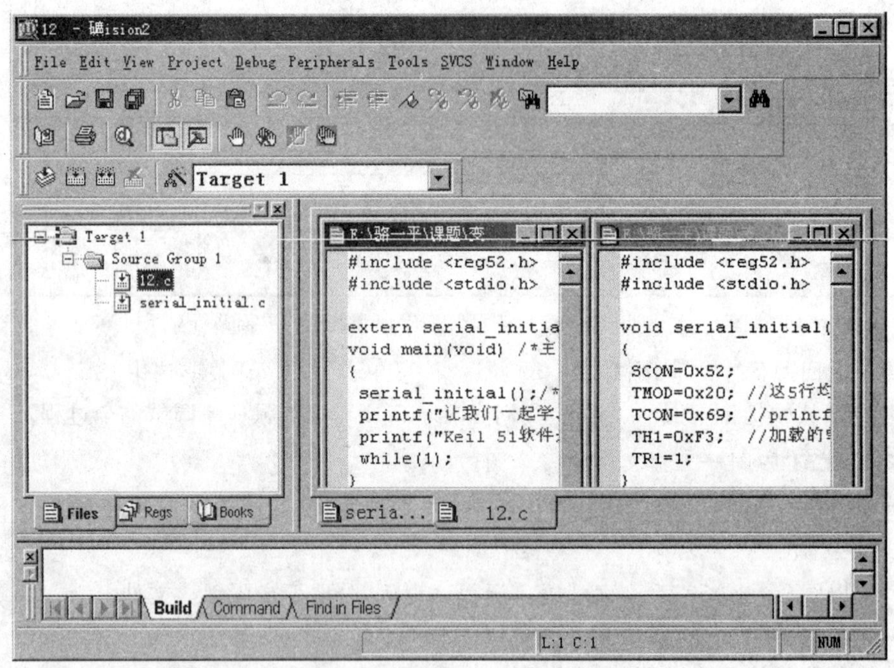

图 1-3-19　KEIL C51 的函数调试

⑥对创建好的工程文件进行编译，以生成机器代码；执行当前工程文件(软件仿真)，这时观察发现文件运行结果与图 1-3-18 所示的结果完全一致。

5. KEIL C51 中汇编语言的基本调试

汇编语言是在调试单片机中惯用的语言，该语言编写程序生成代码的效率较高，因此可大大提高单片机的执行效率。初学单片机编程时，掌握汇编语言的编程有利于理解单片机硬件电路的物理结构。

现在我们用汇编语言来仿真调试一个程序，程序调试步骤如下：

①创建一个工程文件，文件名为 13.vu2；

②选择所使用的单片机(Atmel 公司的 AT89C52);

③建立并输入文件名为 13. asm 的汇编语言程序;该程序是对单片机的 P1. 2 端口取反,并通过循环使 P1. 2 端口的状态("0""1")反复变化,目的是在该端口产生一个连续的方波。程序如下:

```
LOOP:CPL    P1.2              ;P1.2 端口取反
     NOP
     SJMP   LOOP              ;构成死循环,以产生连续方波
     END
```

④同上一程序的操作方法类似,加载、编译和"Debug" 13. asm 文件。

⑤在上述操作无误后,为了观察程序运行后 P1. 2 输出的变化情况,可进行软件仿真(按连续运行),如图 1-3-20 所示。

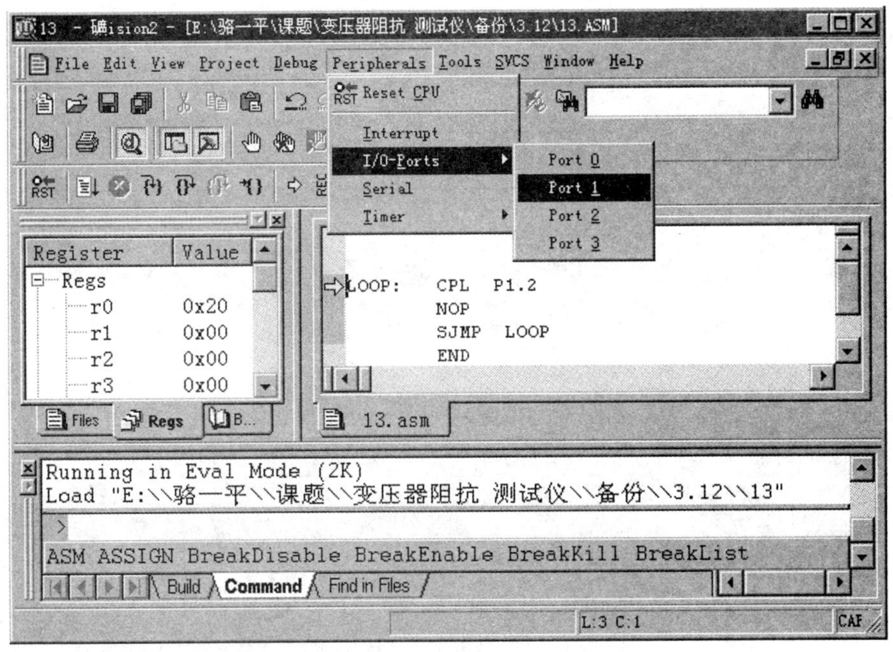

图 1-3-20 选择单片机输入输出口的界面

单击菜单条上的"Peripherals"选项,选中下拉菜单中的"I/O_Port"选项的"Port 1",屏幕出现如图 1-3-21 所示的 P1 口观察"Parallel Port 1" 界面。

⑥由于在连续运行后,P1 口观察"Parallel Port 1"界面中 P1. 2 的值由初始状态的"1"("√")变为空白(其值只变化了一次),这样不能与实际情况相符(应该不断变化"√"和" "两种状态)。

⑦为此,按快捷图标,停止连续运行;从"Debug"下拉菜单中选中"Step Over"选项(或快捷图标),进行程序的单步执行,同时观察"Parallel Port 1"界面中 P1. 2 值的变化。

⑧要比较两种语言所生成的机器代码,可将汇编程序改编成如下的 C 语言程序。当以同样的方式运行 C 语言程序,所得出的现象完全一致,如图 1-3-22 所示。在这种请况下,从"View"下拉菜单中选中"Disassembly Window"选项(或快捷图标),调出反汇编调试程序窗

口，观察机器代码的执行情况，会发现它们的代码长度完全相同，故可根据个人的情况，选择熟悉的语言进行编程。

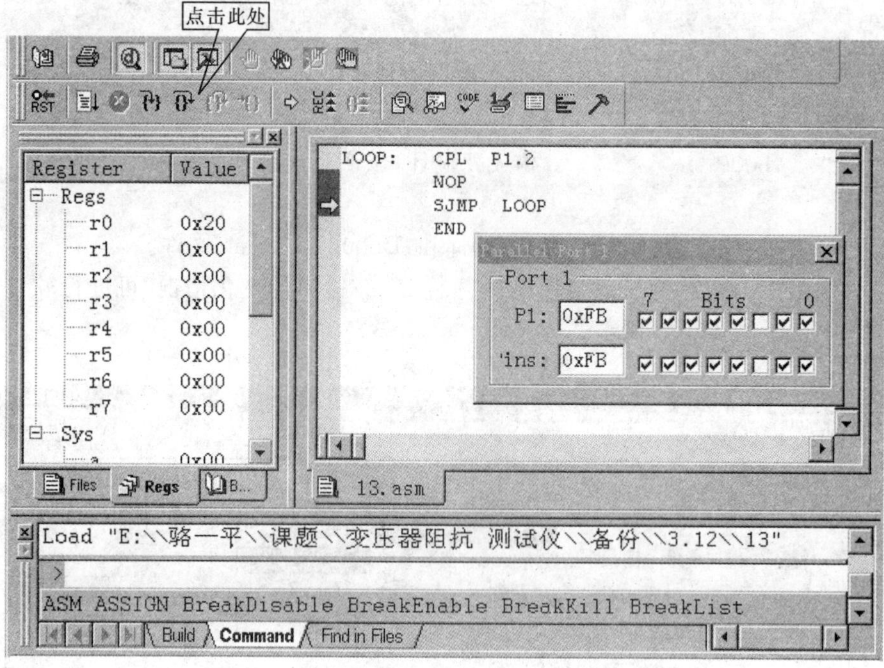

图 1-3-21　汇编程序运行后的 P1 口观察“Parallel Port 1”界面

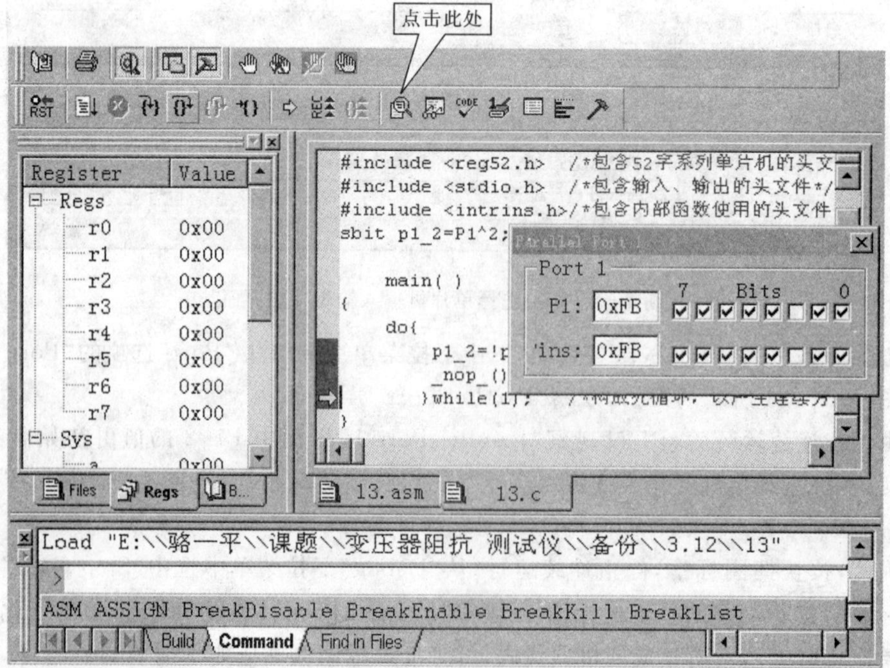

图 1-3-22　C 语言程序运行后的 P1 口观察“Parallel Port 1”界面

```
#include <reg52.h>                /* 包含 52 字系列单片机的头文件 */
#include <stdio.h>                /* 包含输入、输出的头文件 */
#include <intrins.h>              /* 包含内部函数使用的头文件 */
sbit p1_2 = P1^2;              /* 对 P1.2 位端口定义变量,并初始化为"1" */
main( )/* 主函数 */
{
  do{
     p1_2 = ! p1_2;               /* P1.2 端口取反 */
     _nop_( );                       /* 对内部空操作函数的调用 */
    }while(1);                    /* 构成死循环,从 P1.2 端口连续产生方波 */
}
```

6. 利用 KEIL C51 对硬件系统进行仿真调试

一般情况下,通过软件仿真调试过的程序,就可在硬件无误的系统上正确运行。如果存在硬件故障而又无法确认,就需要借助于 KEIL C51 软件对硬件进行仿真调试。其操作步骤如下。

①在计算机未开机前,用串行接口线将计算机与实验板相连;由于是 KEIL C51 监控,要求 SW2 跳线的下两针短接,SW3 跳线的上两针短接。上述操作正确后,开启电源。

②我们先以汇编语言源程序为例,程序如下,如图 1-3-23 所示。

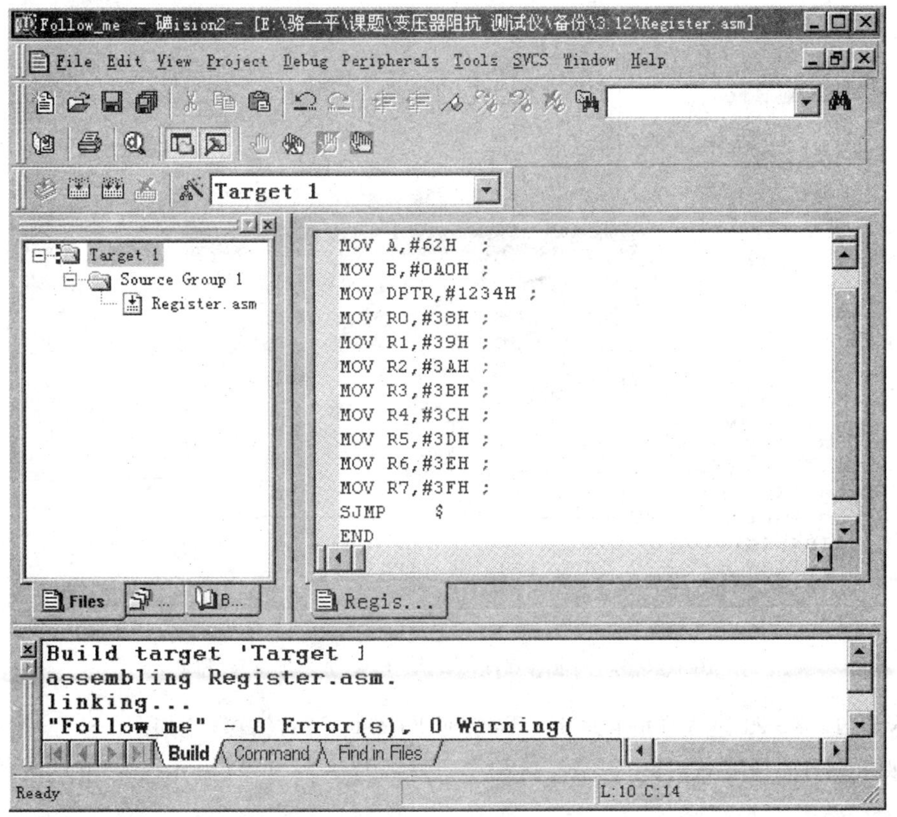

图 1-3-23 汇编程序编译界面

```
ORG    8000H          ；定义程序起始地址
MOV    A,＃62H        ；用立即寻址的方法给 A 累加器赋值 62H
MOV    B,＃0A0H       ；用立即寻址的方法给 B 寄存器赋值 63H
MOV    DPTR,＃1234H   ；用立即寻址的方法给 DPTR 指针赋值 1234H 地址
MOV    R0,＃38H       ；用立即寻址的方法给 R0 寄存器赋值 38H
MOV    R1,＃39H       ；用立即寻址的方法给 R1 寄存器赋值 39H
MOV    R2,＃3AH       ；用立即寻址的方法给 R2 寄存器赋值 3AH
MOV    R3,＃3BH       ；用立即寻址的方法给 R3 寄存器赋值 3BH
MOV    R4,＃3CH       ；用立即寻址的方法给 R4 寄存器赋值 3CH
MOV    R5,＃3DH       ；用立即寻址的方法给 R5 寄存器赋值 3DH
MOV    R6,＃3EH       ；用立即寻址的方法给 R6 寄存器赋值 3EH
MOV    R7,＃3FH       ；用立即寻址的方法给 R7 寄存器赋值 3FH
SJMP   $              ；原地跳转等待
END                   ；程序结束
```

③在 KEIL C51 管理器窗口范围内，单击鼠标右键，出现如图 1-3-24 所示的界面。选中“Options for Target ‘Target 1’”选项（或快捷图标），进行硬件仿真 KEIL C51 系统设置。

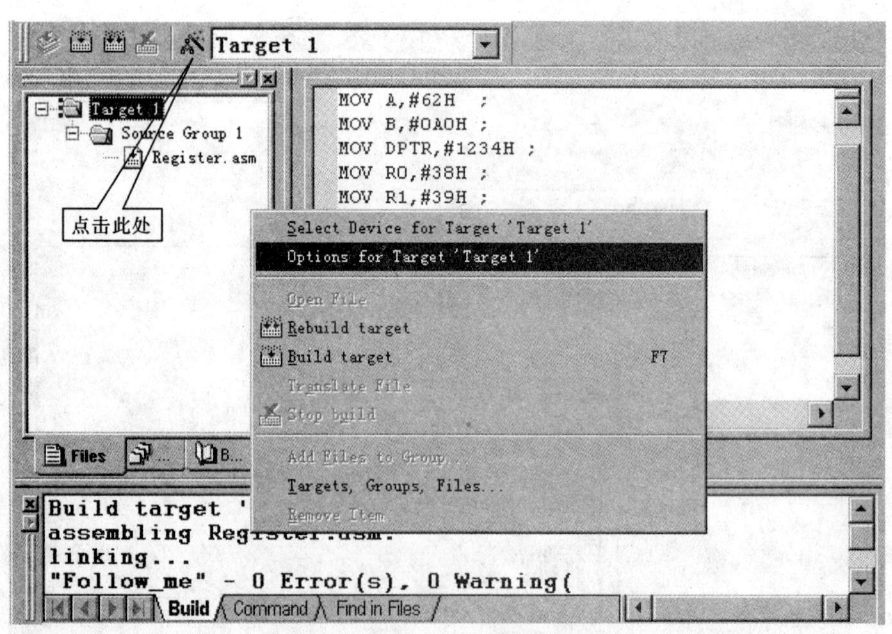

图 1-3-24　进入硬件仿真 KEIL C51 系统设置界面

• 从图 1-3-24 进入“Options for Target‘Target 1’”对话窗口，如图 1-3-25 所示，根据图中要求设置系统参数，其中包括晶振频率（11.0592 MHz）、Eprom 和 Ram 的起始地址与大小；

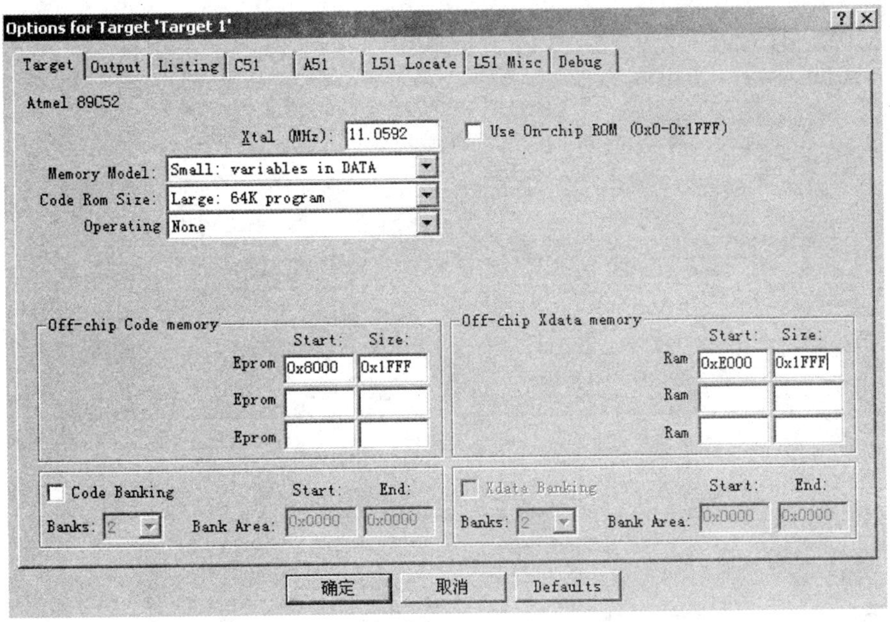

图 1-3-25 Options for Target'Target 1'的 Target 对话窗口

• 单击 Output 标签，按图 1-3-26 所示对输出进行设置，即选中 Create HEX Fi…选项，生成对应于源程序的机器码；

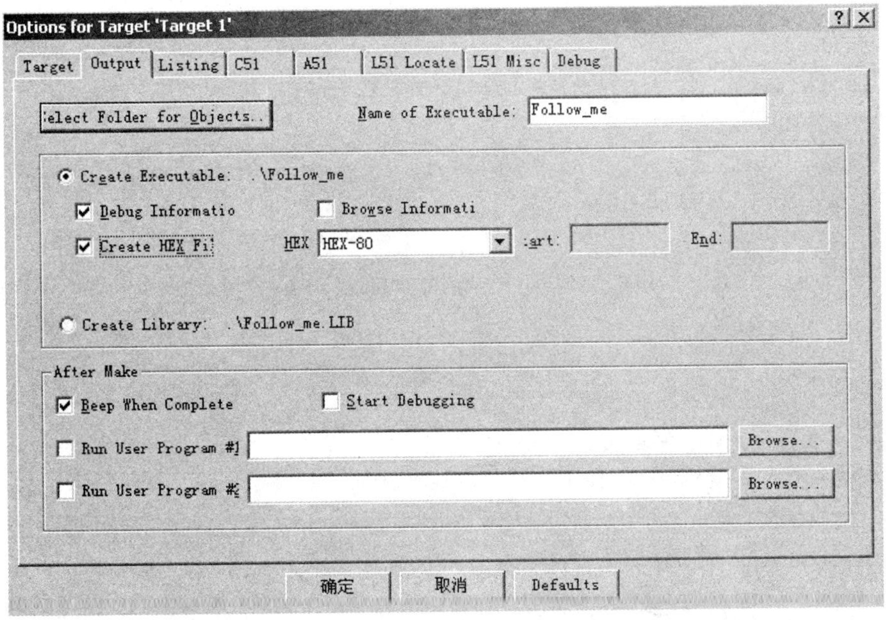

图 1-3-26 Options for Target'Target 1'的 Output 对话窗口

• 同样，单击 C51 标签，按图 1－3－27 所示设置中断向量地址（0x8000）；

Options for Target 'Target 1'

Target | Output | Listing | C51 | A51 | L51 Locate | L51 Misc | Debug

Preprocessor Symbols
efine:
define:

Code Optimization
evel: 8: Common tail merging
mphasis: Favor execution speed
Global Register Coloring
Don't use absolute register accesses

Warnings: Warninglevel 2
Bits to round for float: 3
Interrupt vectors at a 0x8000
Keep variables in order
Enable ANSI integer promotion rul

Include Paths
Misc Controls
Compiler control string: INTVECTOR(0x8000) DEBUG OBJECTEXTEND OBJECT(.*.obj)

确定　取消　Defaults

图 1－3－27　Options for Target'Target 1'的 C51 对话窗口

• 点击 Debug 标签，按图 1－3－28 所示设置，即将用户仿真设置改为利用 Keil Monitor－51 驱动等。在上述设置均无误的情况下，按“确定”键。

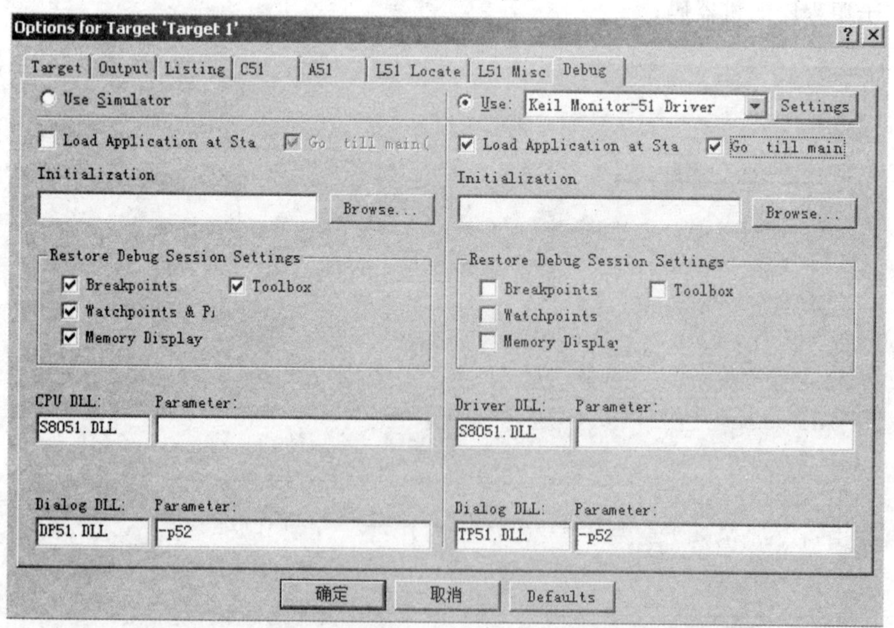

图 1－3－28　Options for Target'Target 1'的 Debug 对话窗口

④再次编译工程文件，编译完成后的界面如图 1－3－23 所示。

⑤在实验板“51”提示状态符下，按“KEIL”键，这时实验板上的数码管显示全部熄灭，单片机进入等待接收状态。

⑥在 KEIL C51 环境下，用鼠标点击“Debug”按钮（快捷图标），计算机向实验板发出联机信号，如图 1-3-29 所示。

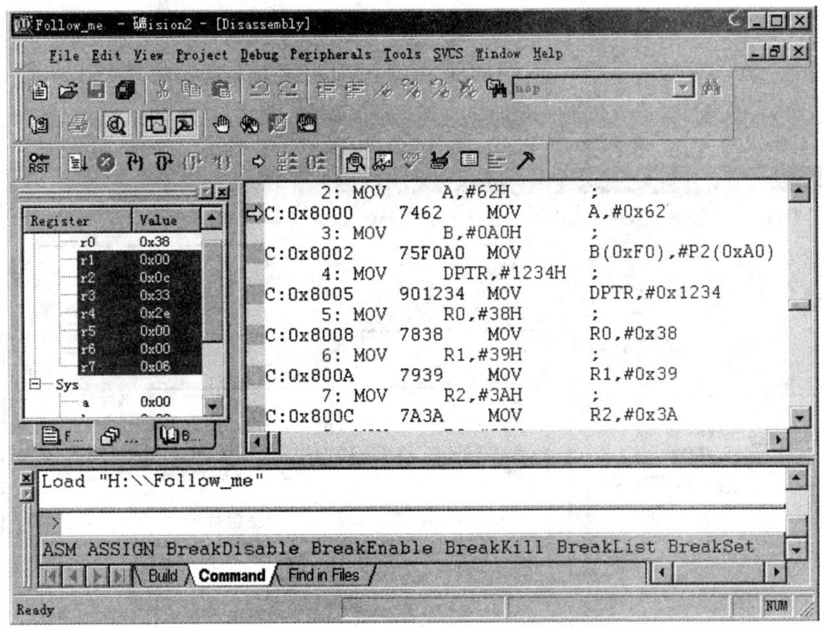

图 1-3-29 汇编语言程序下载到单片机联机通信成功的界面

⑦在图 1-3-29 所示界面上点击“RUN”按钮（快捷图标），等到实验板数码管再次显示“51”提示符时，表示单片机与计算机联机通信成功。

⑧现在，就可以使用 KEIL C51 所提供的执行程序的各种方法调试用户的程序，如图 1-3-30

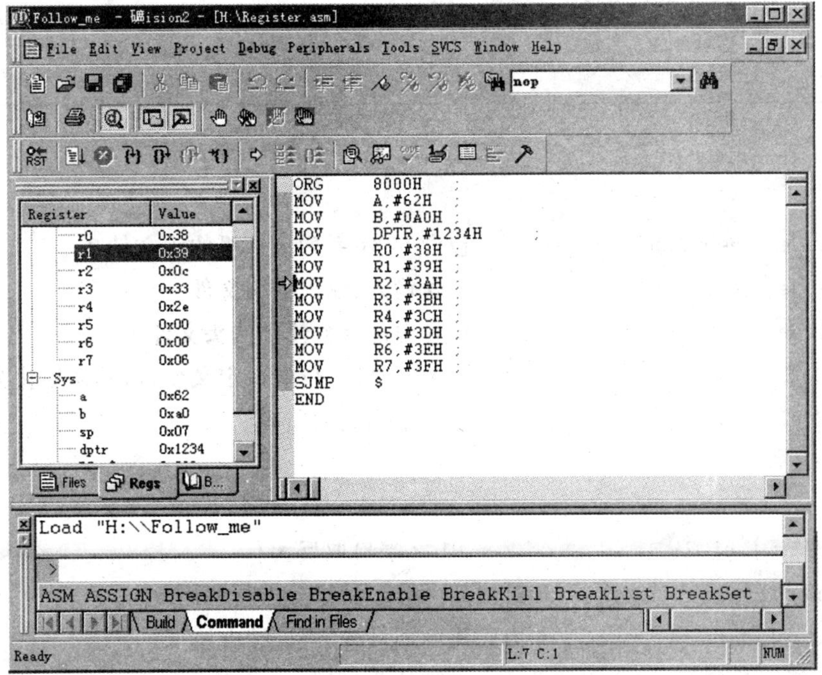

图 1-3-30 单步执行（快捷图标）观察管理器窗口各个寄存器值

所示。例如可用单步执行“Step Over”（快捷图标 ）观察管理器窗口各个寄存器值的变化；也可使用设置断点的方法连续执行“Go”（快捷图标 ）来观察运行结果。

⑨用C语言源程序进行联机调试，与使用汇编语言联机调试的方法相似，以如下程序为例，界面如图1-3-31所示。唯一不同的是在编译项目之前，应先将JXSTARTUP. A51（可在..\Keil\C51\LIB文件夹中找到）添加到工程文件中去，完成编译调试前的编译。

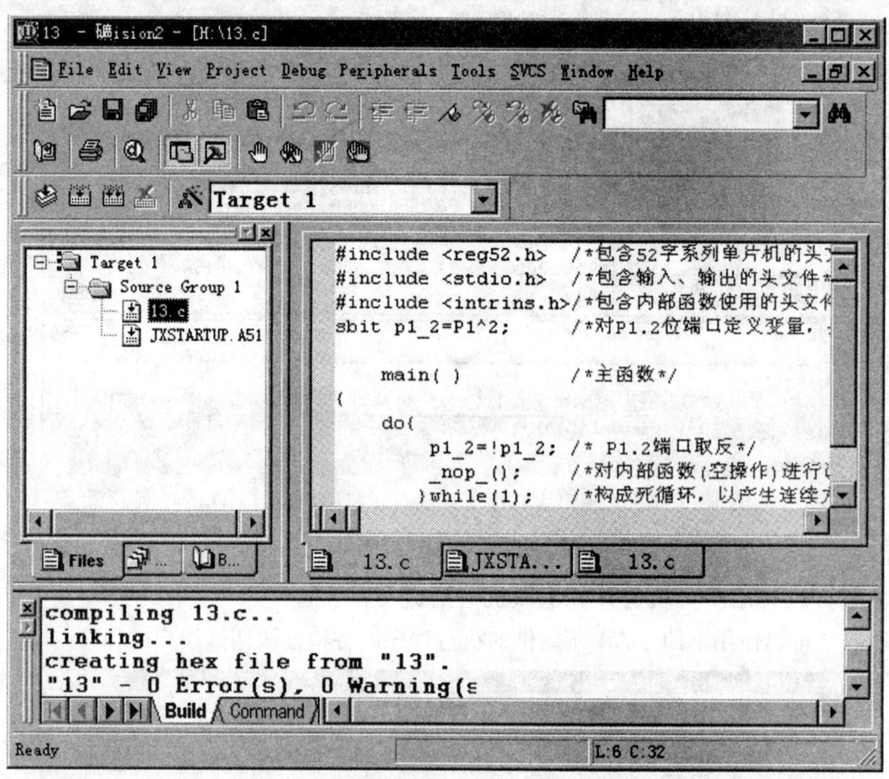

图1-3-31　用C语言源程序进行编译联机调试

```
#include <reg52.h>            /*包含52字系列单片机的头文件*/
#include <stdio.h>            /*包含输入、输出的头文件*/
#include <intrins.h>          /*包含内部函数使用的头文件*/
sbit p1_2 = P1^2;                 /*对P1.2位端口定义变量,并初始化为"1"*/
main( )                           /*主函数*/
{
do{
    p1_2 = ! p1_2;            /* P1.2端口取反*/
    _nop_( );             /*对内部函数(空操作)进行调用*/
   }while(1);             /*构成死循环,以产生连续方波*/
}
```

⑩同理，对硬件仿真 KEIL C51 系统的设置仍然按照图 1-3-24～图 1-3-28 所示的顺序操作。

⑪在上述设置正确的情况下，且实验板在“51”提示状态符下，按实验板上的“KEIL”键，这时实验板上的数码管显示全部熄灭，单片机进入等待接收状态。

⑫此时点击“Debug”按钮（快捷图标），计算机向实验板发出联机信号，等到实验板上数码管再次显示“51”提示符后，如图 1-3-32 所示，表示单片机与计算机联机通信成功。

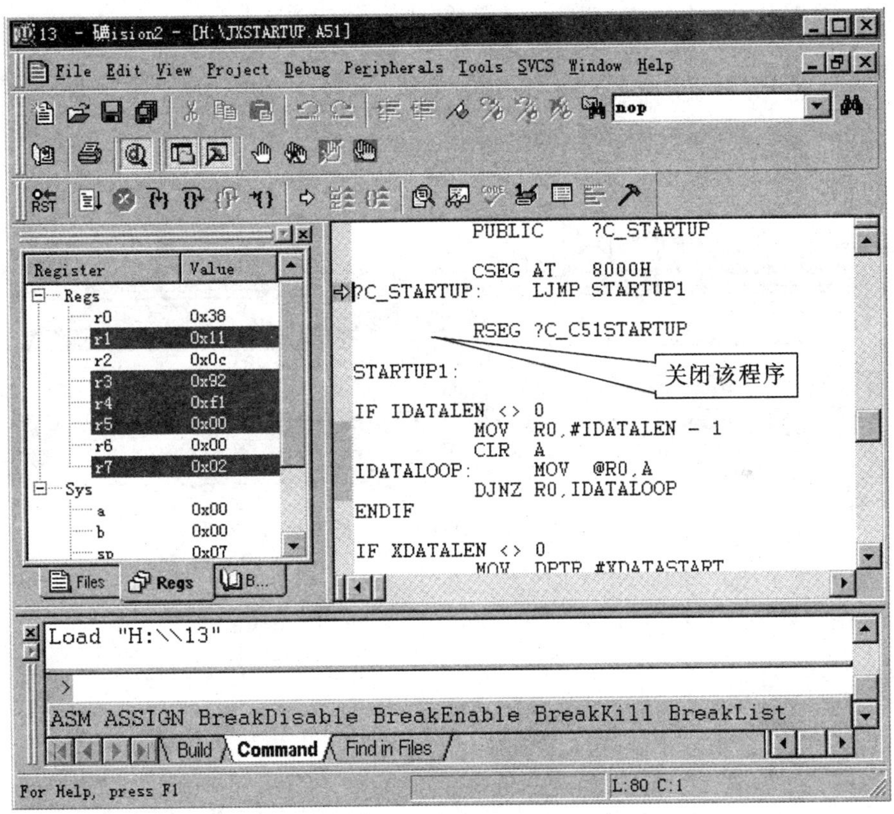

图 1-3-32　C 语言程序下载到单片机通信成功的界面

⑬如图 1-3-33 所示，关闭显示的 JXSTARTUP. A51 程序，将屏幕切换到用户程序窗口。将鼠标停在完整程序语句的开始，选中“Debug”下拉菜单中的“Insert/Remove Breakpoint”（或快捷图标）；也可用鼠标在该语句前面左边沿处双击，均可以并在该语句开头处设置断点（如图中红色图标）。

⑭现在就可以使用“Step Over”方式、“Go”方式调试程序，可以从单片机的 P1.2 口观察电平的变化，也可将变量 P1_2 的值加载到“Watch & Call Stack Window”对话窗（或快捷图标）来观察。

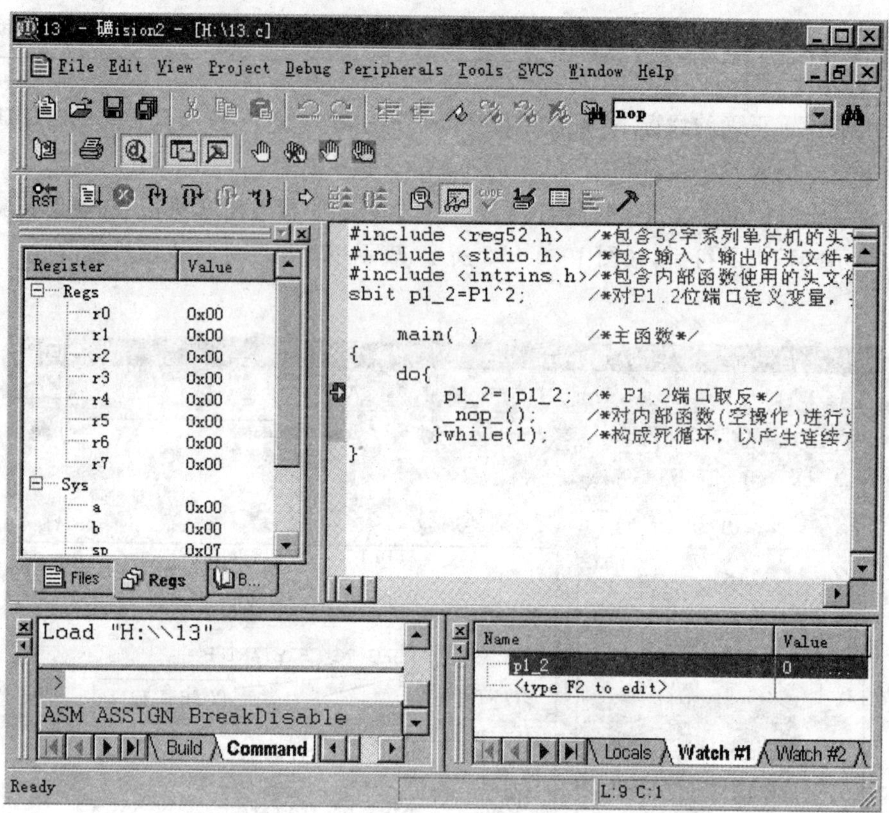

图 1-3-33　设置断点连续执行后的变量窗口显示

至此，我们简单地介绍了使用 KEIL C51 对 51 系列单片机编程、调试的简单方法，初学者应该熟练掌握。如果有兴趣，可以参阅其它相关书籍进行更深入的学习。

1.2　基础训练类实验

实验目的：

①熟悉实验板的环境和基本功能，包括键盘操作和各键的功能；

②通过基本实验掌握 MCS－51 单片机的指令系统和内部结构。

实验设备：QTH2008—XS 实验仪。

预习要求：

①预习“实验 1　实验仪器操作指南”，重点是键盘的操作。

②输入实验程序，熟悉 MCS－51 单片机常用的指令、了解内部结构。

③具体要求在每个实验中指出。

实验 4　基础实验(一)

1. RESET 和 MON 键对各工作寄存器的影响

①按 RESET 键(位于译码区的红色按钮)后，数码管显示“P”提示符，利用键盘区按键 4～9、A、B 及 REG，查看 A、B、PSW、SP、R0～R7 和 DPTR 的初始内容，并记在表 1－4－1 中；

表 1－4－1　RESET 和 MON 键对各工作寄存器的影响

操作寄存器	按 RESET 键		修改值	按 MON 键		按 RESET 键	
	理论值	实验值		理论值	实验值	理论值	实验值
A			F1H				
B			F2H				
PSW			F3H				
SP			30H				
R0			F5H				
R1			F6H				
R2			F7H				
R3			F8H				
R4			F9H				
R5			FAH				
R6			FBH				
R7			FCH				
DPTR			FFFFH				

②仍用键盘区上述按键，把 A、B、PSW、SP、R0～R7 的初始内容修改为表 1-4-1 所示值；

③按 MON 键后，数码管显示“P”提示符，再次查看上述寄存器的内容，填入表 1-4-1 相应的栏目中；

④再按 RESET 键后，分别读出上述各寄存器中的内容，填入表 1-4-1 相应的栏目中。

⑤在做实验前，将你认为的理论值填入表 1-4-1 中。

2. RS1、RS0 对 R0～R7 工作寄存器的影响

①利用键盘区按键 4～9、A、B 及 REG、DRAM，把 PSW、R0～R7 和 00～1FH 单元内容全部清零(用 RESET 键)，初始态如表 1-4-2 所示；

②同样，保持 PSW＝00H，将 R0～R7 寄存器的内容修改成 AAH，然后读出 00H～1FH 中的内容并填入表 1-4-2 中；

③使 PSW＝08H，将 R0～R7 寄存器的内容修改成 BBH，然后读出 00H～1FH 中的内容并填入表 1-4-2 中；

④使 PSW＝10H，将 R0～R7 寄存器的内容修改成 CCH，然后读出 00H～1FH 中的内容并填入表 1-4-2 中；

⑤使 PSW＝18H，将 R0～R7 寄存器的内容修改成 DDH，然后读出 00H～1FH 中的内容并填入表 1-4-2 中。

⑥在做实验前，将你认为的实验结果填入表中。

表 1-4-2　RS1、RS0 对 R0～R7 工作寄存器的影响

操作状态		0 组	1 组	2 组	3 组
PSW	R0～R7	00H～07H	08H～0FH	10H～17H	18H～1FH
00H	00H	00H	00H	00H	00H
00H	AAH				
08H	BBH				
10H	CCH				
18H	DDH				

3. 立即寻址传送指令练习

读懂如下汇编程序，准备将程序操作码输入单片机：

```
                ORG   1000H          ;定义程序初始地址(伪指令)
1000   7820     MOV   R0,#20H        ;给 R0 送立即数 20H
1002   7418     MOV   A,#18H         ;给累加器 A 送立即数 18H
1004   7D28     MOV   R5,#28H        ;给 R5 送立即数 28H
1006   7638     MOV   @R0,#38H       ;给 R0 所表示的地址(20H)中送#38H
1008   752148   MOV   21H,#48H       ;给地址(21H)中送#48H
100B   80FE     SJMP  $              ;原地跳转指令
                END                  ;程序结束
```

①在数码管显示“P”时，键入“1000”，再按下“MEM”键，数码管显示“1000　XX”，按上述

程序的操作码，键入“78”；

②按下“NEXT”键，数码管显示“1001 XX”，键入“20”后，此时数码管显示“1001 20”；

③重复①、②两步，直到把上述程序全部输入完毕；最后按下“MON”，返回到“P”状态；

④查看表 1-4-3 中相应寄存器的内容，将结果填入“初始内容”栏；

⑤注意本实验仪监控程序的约定：单步执行一条指令后，数码管显示的内容含义为，左边四位是下一条指令的地址，之后两位是累加器 A 的内容，最后两位是下一条指令的操作码；

⑥现在键入“1000”，按下“STEP”键（单步执行 1 次），数码管上显示为____；再次按下“STEP”键，数码管上显示____；反复按功能键“STEP”直到程序运行完毕；

⑦再次查看表 1-4-3 中相应寄存器的内容，将结果填入“运行结果”栏。

⑧在做实验前，将你认为的实验结果填入表中。

表 1-4-3 立即寻址程序运行结果

寄存器 操作状态	A	R0	R5	(20H)	(21H)
初始内容					
运行结果					

实验 5 基础实验(二)

1. 直接寻址传送指令练习

①先向规定单元置数，设表 1-5-1 中部分寄存器初始内容为 R1=32H、(30H)=AAH、(31H)=BBH、(32H)=CCH；

②按前述方法输入下列程序的操作码：

```
                  ORG    1000H
1000    E530      MOV    A, 30H
1002    F550      MOV    50H,A
1004    AE31      MOV    R6,31H
1006    A730      MOV    @R1,30H
1008    853290    MOV    P1,32H
100B    80FE      SJMP   $
                  END
```

③从 1000 开始，反复按“STEP”单步执行完程序，然后检查上述指令执行的结果(P1 口数据可通过分别连接 8 个 LED 显示二极管观察读数)，并填入表 1-5-1 中；

表 1-5-1 直接寻址程序运行结果

寄存器 操作状态	A	R1	R6	(50H)	(32H)	P1
初始内容						
运行结果						

④在做实验前，先将程序注释写在每个语句的括号中，然后将你认为的实验结果填入对应表中，其中：XX 表示随机数。

2. 寄存器间接寻址型传送指令练习

①先向规定的单元置数，设表 1-5-2 中部分寄存器初始内容(40H)=11H、(41H)=22H、R0=40H、R1=41H；

②按前述方法输入下列程序的操作码：

```
              ORG    1000H
1000   E6     MOV    A,@R0
1001   F7     MOV    @R1,A
1002   8742   MOV    42H,@R1
1004   80FE   SJMP   $
              END
```

③反复按"STEP"键单步执行完程序，然后检查上述指令执行的结果，并填入表 1-5-2 中；通过实验体会将程序注释写在每个语句后。

④在做实验前，先将程序注释写在每个语句后，然后将你认为的实验结果填入表中。

表 1-5-2　寄存器间址程序运行结果

寄存器 / 操作状态	A	(40H)	(41H)	(42H)	R0	R1
初始内容						
运行结果						

3. 两个单元中的内容交换程序练习

①先向规定单元置数，即(30H)=36H、(40H)=8FH，并输入程序的操作码：

```
                 ORG    1000H
1000   E530      MOV    A,30H          ;(30H)→A
1002   854030    MOV    30H,40H        ;(40H)→30H
1005   F540      MOV    40H,A          ;A→40H
1007   80FE      SJMP   $
                 END
```

②反复单步执行完程序，观察上述程序执行后两个单元中的数据是否交换。

实验 6　基础实验(三)

1. 简单的查表程序(用外部 ROM 的字节传送指令)

采用 PC 作为基址寄存器(在实际应用中常采用的方法)。

①先按下面程序的操作码输入程序；

```
              ORG    1000H
1000   2403   ADD    A,#03H          ;A←A+data,即对 A 进行修正
```

```
1002    83      MOVC  A,@A + PC         ;PC←PC + 1,A←(A + PC),即查平方表
1003    80FE    SJMP  $

1006    00      DB    0                 ;平方数据表
1007    01      DB    1
1008    04      DB    4
1009    09      DB    9
100A    16      DB    16
100B    25      DB    25
100C    36      DB    36
100D    49      DB    49
100E    64      DB    64
100F    81      DB    81
                END
```

上述程序的说明:

• 第一条指令执行后,累加器 A 中已含有平方数据表的地址偏移量;

• 第二条指令执行后,PC 应指向该指令的下一地址 1003H 上,而该地址并不是平方数据表的首地址(1006H),这就要求在第一条加法指令上外加一个偏移量 data(在程序中为 #03H),即有如下关系:

PC 当前值+data=平方数据表的首地址

所以　　data=平方数据表的首地址-PC 当前值=1006H-1003H=03H

• 偏移量 data 实际可以理解为查表指令与数据表之间的存储单元个数,是一个 8 位无符号数。因此,查表指令和被查的数据表必须在同一个页面内(00H~FFH)。

②修改累加器 A 中的内容(范围 00H~09H),该数为用户所需查找平方数的自变量;

③从 1000 开始,反复按功能键"STEP"单步执行完程序,此时累加器 A 中的内容,就是原来输入 A 中数据的平方值;根据输入数据,填表 1-6-1。

表 1-6-1 查表程序执行前后累加器 A 中值的变化

累加器 A 的值 / 程序执行次数	程序执行前 A 中的值	程序执行后 A 中的值
1	2	
2	4	
3	7	
4	9	

④在做实验前,将你认为的实验结果填入表中。

2. MOVX 和 XCHD 指令功能练习

①输入如下程序:

```
                ORG     1000
1000    74AA    MOV     A,#0AAH         ;AAH→A
1002    900070  MOV     DPTR,#0070H     ;DPTR 指向外部 RAM 的 70H
1005    F0      MOVX    @DPTR,A         ;AAH→外部 RAM 的 70H
1006    7870    MOV     R0,#70H         ;R0 指向内部 RAM 的 70H
1008    F6      MOV     @R0,A           ;AAH→内部 RAM 的 70H
1009    74BB    MOV     A,#0BBH         ;BBH→A
100B    D6      XCHD    A,@R0           ;间接 RAM 与累加器低 4 位交换
100C    80FE    SJMP    $
                END
```

②程序运行前,查看 DPTR、A、R0、内部 RAM 的 70H 单元和外部 RAM 的 70H 单元中的内容,并填入表 1-6-2 中;

③单步执行完上述程序,重新观察上述寄存器和存储单元中的内容,并填入表 1-6-2 中;

④分析上述程序,并把分析结果和实验结果进行比较,二者应该完全相同。

表 1-6-2 程序执行前后有关寄存器和 RAM 单元内容对照表

程序执行	DPTR	A	R0	70H (内部 RAM)	0070H (外部 RAM)
前					
后					

实验 7 基础实验(四)

1. 加法、减法指令功能的练习

①设 20H 和 22H 开头的地址分别存放两个 16 位无符号二进制数(低 8 位在 20H 或 22H 单元,高 8 位在 21H 或 23H 单元),如下程序可实现两个数相加,并将和存放在 20H 和 21H 单元中(低 8 位在 20H 单元,高 8 位在 21H 单元);

```
                ORG     1000
1000    7820    MOV     R0,#20H
1002    7922    MOV     R1,#22H
1004    E6      MOV     A,@R0
1005    27      ADD     A,@R1           ;低字节相加,进位位送 CY
1006    F6      MOV     @R0,A           ;存低字节和
1007    08      INC     R0
1008    09      INC     R1
1009    E6      MOV     A,@R0
100A    37      ADDC    A,@R1           ;高字节相加,进位位送 CY
```

```
100B      F6       MOV    @R0,A          ;存高字节和
100C      80FE     SJMP   $
                   END
```

②把被加数 1122H 和加数 3344H 分别送入单片机内部 RAM 的相应存储单元，即(21H)=33H、(20H)=44H、(23H)=11H 和(22H)=22H，如表 1-7-1 所示；输入上述程序的首地址 1000，并单步执行(反复按“STEP”键)，可以看到程序执行到最后一条指令为止(100C)；

③观察在 21H 和 20H 单元中高字节、低字节的和，以及 PSW 中的进位位 C_Y 的值，填入表 1-7-1 中；

表 1-7-1 求和程序前后的结果

存储单元 \ 十六进制数		第一遍执行程序		第二遍执行程序	
		C_Y	十六进制数	C_Y	十六进制数
被加数单元(23H、22H)		×	11 22H	×	AA BBH
加数单元(21H、20H)	程序执行前	×	33 44H	×	CC DDH
	程序执行后				
计算值					

其中：×表示为不定数。注：第二遍执行程序出现的结果与 C_Y 有关。

④把被加数和加数分别改为 AABBH 和 CCDDH 送入相应的存储单元，重复上述操作，将结果填入表中。

⑤同理，已知在 20H 中有一个 BCD 码 91H(即 91)，在 21H 中有一个 BCD 码 36H(即 36)，完成 BCD 减法的运算，将差值存入 21H 中，并填表 1-7-2。

表 1-7-2 BCD 减法程序执行前后的结果

存储单元 \ BCD 码		第一次实验	第二次实验	第三次实验
被减数单元(20H)		91	91	36
减数单元(21H)	程序执行前	36	91	91
	程序执行后			
计算值				

```
                   ORG    1000
1000      C3       CLR    C              ;清零 CY
1001      749A     MOV    A,#9AH         ;100 送入 A
1003      9521     SUBB   A,21H          ;对 36 求补
1005      2520     ADD    A,20H          ;求两数二进制的和
1007      D4       DA     A              ;DA  A 调整
1008      F521     MOV    21H,A          ;送回 21H
100A      B3       CPL    C              ;取反
100B      80FE     SJMP   $
                   END
```

注:第三次出现的结果,实为负数的补码,它的实际值应为－(100－结果)。

2. 子程序调用和返回指令的练习

①编写令 20H～2AH,30H～3EH 和 40H～4FH 三个域清零的子程序,程序如下:

```
                    ORG     1000
1000    758107      MOV     SP,#07H            ;令堆栈的栈底地址为70H
1003    7820        MOV     R0,#20H            ;第一清零区首地址送R0
1005    7A0B        MOV     R2,#0BH            ;第一清零区单元数送R2
1007    1117        ACALL   ZERO               ;将20H～2AH区清零
1009    7830        MOV     R0,#30H            ;第二清零区首地址送R0
100B    7A0F        MOV     R2,#0FH            ;第二清零区单元数送R2
100D    1117        ACALL   ZERO               ;将30H～3EH区清零
100F    7840        MOV     R0,#40H            ;第三清零区首地址送R0
1011    7A10        MOV     R2,#10H            ;第三清零区单元数送R2
1013    1117        ACALL   ZERO               ;将40H～4FH区清零
1015    80FE        SJMP    $
1017    7600        ZERO:   MOV    @R0,#00H           ;清零
1019    08          INC     R0                        ;修改清零指针
101A    DAFB        DJNZ    R2,ZERO                   ;若(R2)－1≠0,则
ZERO
101C    22          RET                               ;返回
                    END
```

1.3 内部资源功能类实验

实验目的：

①进一步熟悉 QTH 实验仪的环境和基本功能；

②进一步掌握 MCS-51 单片机的指令系统和内部结构；

③熟练掌握 KEIL C51 软件平台的使用和基本调试方法。

实验设备：QTH2008－XS 实验仪一台，计算机一台，存储示波器一台。

预习要求：

①熟悉各个实验区的位置、功能及相关芯片。

②熟练掌握单片机程序调试工具的使用。

③输入实验程序，熟悉 MCS-51 单片机常用指令。

④具体要求在每个实验中指出。

实验 8 P1 端口输入输出实验

实验说明

P1 端口是一个准双向端口，外接八个发光二极管（见发光二极管显示区），连续运行程序使发光二极管右循环点亮。

仿真器设置

仿真模式设置：8752 模式。

仿真器模式选择：内程序存储器、外数据存储器。

实验连线

将实验仪“仿真主机部件”区的插孔 P1.0～P1.7 与“LED 显示”区的插孔 L8～L1 相连。

实验程序

(1)汇编程序 P1.asm

```
                ORG     0000H
                AJMP    RIGHT
                ORG     0030H
RIGHT:          MOV     R0,#08H
                MOV     A,#0FFH
                CLR     C
RIGHT1:         RRC     A
                MOV     P1,A
                CALL    DELAY
                DJNZ    R0,RIGHT1
```

```
                AJMP   RIGHT
                /＊延时子程序＊/
DELAY:          MOV    R5,#10
DELAY1:         MOV    R6,#50
DELAY2:         MOV    R7,#250
                DJNZ   R7,$
                DJNZ   R6,DELAY2
                DJNZ   R5,DELAY1
                RET
                END
```

(2)C 语言程序 P1.c

```
#include <reg51.h>
#define uchar unsigned char
#define uint unsigned int
uchar rrc(uchar a,n);
uchar rrc(uchar a,n);                    //循环右移子程序
{
    uchar b,c;
    b = a<<(8 - n);
    c = a>>n;
    a = c|b;
    return(a);
}
void main()
{
    uchar i,temp;
    uint j;
    P1 = 0xff;
loop:
    temp = 0x7f;
    for(i = 0;i<8;i + + )
        {P1 = rrc(temp,i);
         for(j = 0;j<30000;j + + );} //延时
    goto loop;}
```

预习要求及思考题

①如何更改程序或硬件能够实现 LED 灯左循环移动点亮？

②怎么改变点亮灯的移动时间？学会计算延时子程序的时间。

③改变点亮灯的方式，使 1、3、5、7 灯先亮，然后 2、4、6、8 再亮。

④为实验程序添加注释。

实验9 外部中断实验

实验说明

两中断服务程序入口地址只相距8个字节，而一般服务程序长度会超过8个字节，为了避免和下一个中断地址相冲突，常用一条跳转指令，将程序转移到另外的某一区间。

由于中断服务程序要使用相关的寄存器，因此CPU在中断之前要保护此寄存器的内容即保护现场，而在中断返回时又要使它们恢复原值即恢复现场。

本实验在无中断时(K01为高电平)发光二极管常亮，有外部中断时(K01为低电平)左移。

仿真器设置

8752模式。仿真存储器模式选择：内程序存储器，外数据存储器。

实验连线

P1口接发光二极管，外部中断INT0(P3.2)接拨动开关K01。

实验程序

(1)汇编程序

```
            ORG     0000H
            AJMP    MAIN
            ORG     0003H
            AJMP    IINT0
            ORG     0030H
            MAIN:   MOVI  E,#10000001B    ;允许中断
            CLR     IT0                   ;IT=01 低电平触发方式
LOOP:       MOV     P1,#00H
            AJMP    LOOP
IINT0:      MOV     R0,#08H               ;中断服务程序
            MOV     A,#0FFH
            CLR     C
IINT01:     RLC     A
            MOV     P1,A
            CALL    DELAY
            DJNZ    R0, IINT01
            RETI
            /*延时子程序*/
DELAY:      MOV     R5,#10
DELAY1.     MOV     R6,#50
DELAY2:     MOV     R7,#250
            DJNZ    R7,$
            DJNZ    R6,DELAY2
            DJNZ    R5,DELAY1
```

```
        RET
        END
```

(2)C语言程序

```
#include <reg51.h>
#define uchar unsigned char
#define uint unsigned int
void main ()
   {IE = 0x81;                        //允许中断
    IT0 = 0;                          //边沿方式
loop:
    P1 = 0x00;                        //全亮
    goto loop;}
/*中断服务子程序*/
void iint0() interrupt 0 using 0
{
    uchar b,c,i,temp;
    uint j;
    temp = 0x7f;
    for(i = 0;i<8;i + + )             //右移一位
     {b = temp<<(8 - i);
      c = temp>>i;
      P1 = c|b;
      for(j = 0;j<30000;j + + );}
    for(j = 0;j<30000;j + + );
    P1 = 0x00;
}
```

思考题

①更改程序,屏蔽外部中断0并开放外部中断1。

②更改程序使外部中断0和外部中断1都开放,并观察现象,说明为什么会产生这种现象。

③学会更改C语言的延时子程序,并使用示波器观察输出波形,通过调整延时子程序改变输出波形。

④为实验程序添加注释。

实验 10 定时器/计数器实验

实验说明

使用单片机定时器 T0,工作于方式 2 产生定时中断,使 P1.0 端产生周期性的矩形波。

仿真器设置

仿真模式设置:8052 模式。

仿真存储器模式选择:内程序存储器,外数据存储器。

实验连线

P1.0 端接 LED 显示区的 L1 端。

实验程序

(1)汇编程序

```
        ORG     0000H
        AJMP    MN              ;转主程序
        ORG     000BH           ;T0 中断服务程序
        CPL     P1.0            ;P1.0 取反
        RETI
MN:     MOV     SP,#53H
        MOV     TMOD,#02H       ;T0 初始化
        MOV     TL0,#06H        ;
        MOV     TH0,#06H
        SETB    TR0             ;启动 T0 计数
        SETB    ET0             ;允许 T0 中断
        SETB    EA              ;CPU 开中断
        SJMP    $
```

(2)C 语言程序

```
#include<reg51.h>
unsigned char tmp = 0x01;
int  main()
{
/*初始化 T0*/
SP = 0X53;
TMOD = 0X02;
TL0 = 0X06;
TH0 = 0X06;
/*初始化中断寄存器*/
ET0 = 1;
/*开定时器*/
TR0 = 1;
```

```
EA = 1;
While(1);
Return;
}
/*定时器0中断服务程序*/
void timer0() interrrupt1
{p1.0 = ~p1.0;}
```

思考题

①改变定时器的时间常数,使灯能够闪烁且能够控制灯闪烁的时间。

②采用添加延时子程序的方式控制灯闪烁的时间。

③对比使用定时器的工作方式和添加延时子程序的工作方式的优缺点。

1.4 接口扩展类实验

实验目的：使学生具有初步应用单片机进行软硬件开发的能力。

实验仪器：QTH－2008XS 实验仪、计算机、C－51 的编译环境。

实验 11　串并转换实验

实验说明

串口方式 0 移位寄存器方式用于 I/O 口的扩展，LS164 实现串并转换，00～99 循环显示。

串口方式 0 为移位寄存方式，数据由 P3.0 端输入，同步移位脉冲由 P3.1 输出，发送的 8 位数据低位在前。

利用单片机的串行接口方式 0 扩展并行输入输出口，在 LED 上循环显示 00～99。串行/并行转换芯片 LS164 的功能表如下。

Inputs				Outputs			
Clear	Clock	A	B	Q_A	Q_B	…	Q_H
L	X	X	X	L	L		L
H	L	X	X	Q_{AO}	Q_{DO}		Q_{HO}
H	上升沿	H	H	H	Q_{An}		Q_{Gn}
H	上升沿	L	X	L	Q_{An}		Q_{Gn}
H	上升沿	X	L	L	Q_{An}		Q_{Gn}

仿真器设置

仿真器设为 8752 模式。仿真存储器模式选择：内程序存储器、外数据存储器。

实验连线

将串并转换模块的数据输入端 DIN 连接到单片机的 P3.0；CLK 接 P3.1。

实验程序

(1)汇编程序

```
            ORG     0000H
            AJMP    MAIN
            /＊主程序＊/
            ORG     0030H
MAIN:       MOV     SP,＃60H
            MOV     R2,＃00H            ;十位
```

```
        MOV     R1,#00H         ;个位
MAIN1:  MOV     A,R1
        MOV     DPTR,#SGTB1
        MOVC    A,@A+DPTR       ;取字符
        MOV     SBUF,A          ;发送字符
        MOV     A,SBUF
        JNB     TI,$            ;等待串口发送完
        CLR     TI
        MOV     A,R2
        MOVC    A,@A+DPTR
        MOV     SBUF,A
        JNB     TI,$
        CLR     TI
        CALL    DELAY
        CALL    DELAY
        CALL    DELAY
        CJNE    R1,#9,MAIN2
        MOV     R1,#00H
        INC     R2
        CJNE    R2,#10,MAIN3
        AJMP    MAIN
MAIN2:  INC     R1
MAIN3:  AJMP    MAIN1           ;继续发送
        /*延时子程序*/
DELAY:  MOV     R6,#250         ;延时
DELAY1: MOV     R7,#250
        DJNZ    R7,$
        DJNZ    R6,DELAY1
        RET
        /*字符编码*/
SGTB1:  DB      03H             ;0
        DB      9FH             ;1
        DB      25H             ;2
        DB      0DH             ;3
        DB      99H             ;4
        DB      49H             ;5
        DB      41H             ;6
        DB      1FH             ;7
        DB      01H             ;8
```

```
            DB        09H                  ;9
            END
```

(2)C 语言程序

```
#include <reg51.h>
#include <stdio.h>
typedef unsigned char BYTE;
BYTE i;                    //显示的十位数
BYTE j;                    //显示的个位数
BYTE dis_code[10] = {0x03,0x9F,0x25,0x0D,0x99,0x49,0x41,0x1F,0x01,0x09};
        //0    1    2    3    4    5    6    7    8    9

void main()
{
  char time = 0xFFFF,count = 0x00FF;          //延时常数
  SCON = 0X00;
  do
  {
    for (i = 0;i<10;i++)
    {
      for(j = 0;j<10;j++)
      {
        SBUF = dis_code[j];                   //发送字符个位
        while(TI == 0);TI = 0;
        SBUF = dis_code[i];                   //发送字符十位
        while(TI == 0);TI = 0;                //是否发送完
        do
        {
          while(time--);
        }
        while(count--);

      }
    }
  }
  whilo(1);
}
```

实验 12　单片机与 PC 机通信实验

实验说明

实验 A:发送 0～9 在 PC 机上显示。先使 PC 机的终端与单片机的串口处于连接状态,然后连续运行程序,观察终端窗口接收到的数据。

实验 B;从 PC 机键盘上输入数据在单片机的 LED 上显示。先使 PC 机的终端与单片机的串口处于连接状态,然后连续运行程序,在终端窗口输入 0～F(字母大写),观察单片机 LED 上显示的数据。

仿真器设置

仿真模式设置:8052 模式。

仿真存储器模式选择:内程序存储器,外数据存储器。

实验连线

①把单片机通过串口线与 PC 机相连,把串口旁边的短路块 SW1 短路在 RS232 上。

②把 RxD 与单片机的 P3.0 相连,把 TxD 与单片机的 P3.1 相连。

③把串并转换实验区的 DIN 与 P1.0 相连,把 CLK 与 P1.1 相连。

计算机设定

适用于 Windows XP 操作系统。

①在做单片机发送实验时为了方便观察从单片机接收到的结果,进入 Windows 附件→通信→超级终端。如果是第一次进入,则在"位置信息"对话框选"取消",在"确认取消"对话框中选"是",在弹出的对话框中选"是",进入终端界面,任取名称后确认。在"连接时使用"下拉框,选择你所使用的 COM 口,波特率设置为 4800b/s,数据位 8 位,奇偶校验位无,停止位 1 位,流量控制无。等待接收数据。

②在做单片机接收实验时在第一个实验的基础上加以下设定:在文件→属性→设置→ASCII 码设置,"本地回显键入的字符"选项前打钩。

实验程序

1. 实验 A

(1)汇编程序

```
            ORG     0000H
            AJMP    START
            ORG     0030H
START:      MOV     SP,#60H
            MOV     SCON,#01010000B     ;设定串口 MODE1
            MOV     TMOD,#20H           ;设定计时器 1 为模式 2
            ORL     PCON,#10000000B     ;SMOD = 1,波特率加倍
            MOV     TH1,#0F4H           ;设定波特率为 4800b/s
            MOV     TL1,#0F4H
            SETB    TR1                 ;启动定时器
AGAIN1:     MOV     A,#30H              ;发送 0
```

```
AGAIN:      MOV     SBUF,A
            JNB     TI,$
            CLR     TI
            INC     A
            CJNE    A,#3AH,AGAIN        ;>9 转
            AJMP    AGAIN1
            END
```

(2)C 语言程序

```
#include <reg51.h>
#define uchar unsigned char
void main()
{   uchar temp;
    SCON = 0x50;            //设定串口 MODE1
    TMOD = 0x20;            //设定计时器 1 为模式 2
    PCON = 0x80;            //SMOD = 1,波特率加倍
    TH1 = 0xf4;             //设定波特率为 4800b/s
    TL1 = 0xf4;
    TR1 = 1;                //启动定时器
start:
    temp = 0x30;
loop:
    SBUF = temp;            //发送
    while(TI = = 0);        //完否
    TI = 0;
    temp + + ;
    if(temp!  = 0x3a)goto loop;
    goto start;
}
```

2. 实验 B

(1)汇编程序

```
DATAIN      BIT P1.0
DCLK        BIT P1.1
            ORG         0000H
            AJMP        START
            ORG         0030H
START:      MOV         SP,#50H             ;设定堆栈区
            MOV         SCON,#01010000B     ;设定串口 MODE1
            MOV         TMOD,#20H           ;设定计时器 1 为模式 2
            ORL         PCON,#10000000B     ;SMOD = 1,波特率加倍
```

```
         MOV     TH1,#0F4H          ;设定波特率为 4800b/s
         MOV     TL1,#0F4H
         SETB    TR1
AGAIN:   JNB     RI,$
         CLR     RI
         MOV     A,SBUF
         CALL    DISP
         AJMP    AGAIN
DISP:    CJNE    A,#40H,DISP1
DISP1:   JNC     ZF
         CLR     C
         SUBB    A,#30H
         AJMP    DISP3
ZF:      CLR     C
         SUBB    A,#37H
DISP3:   MOV     DPTR,#SGTB1
         MOVC    A,@A+DPTR          ;取字符
         MOV     R1,A
         CALL    SEND               ;发送字符
         MOV     A,R1
         CALL    SEND
;        CALL    DELAY
         CALL    DELAY
         CALL    DELAY
         RET
         /*显示子程序*/
SEND:    MOV     R0,#8              ;发送 8 位
SEND1:   CLR     DCLK
         RLC     A
         MOV     DATAIN,C
         SETB    DCLK
         NOP
         DJNZ    R0,SEND1
         SETB    DATAIN
         RET
         /*延时子程序*/
DELAY:   MOV     R6,#250            ;延时
DELAY1:  MOV     R7,#250
         DJNZ    R7,$
```

```
        DJNZ    R6,DELAY1
        RET
        /*字符编码*/
SGTB1:  DB      0C0H        ;0
        DB      0F9H        ;1
        DB      0A4H        ;2
        DB      0B0H        ;3
        DB      99H         ;4
        DB      92H         ;5
        DB      82H         ;6
        DB      0F8H        ;7
        DB      80H         ;8
        DB      90H         ;9
        DB      88H         ;A
        DB      83H         ;B
        DB      0C6H        ;C
        DB      0A1H        ;D
        DB      86H         ;E
        DB      8EH         ;F
        DB      00H
        END
```

(2)C 语言程序

```
#include <reg51.h>
#define uchar unsigned char
#define uint unsigned int
uchar code sgtb[ ] = {0xc0,0xf9,0xa4,0xb0,0x99, 0x92,0x82,0xf8,0x80,0x90,
                      0x88,0x83,0xc6,0xa1,0x86, 0x8e,0x00};
sbit DATAIN = P1^0;
sbit DCLK = P1^1;
void disp(uchar data_out);
void send(uchar data_out);
void delay(uint m);
/* 显示子程序 */
void disp(uchar data_out)
{   uchar k;
    if(data_out>0x40)
    k = data_out - 0x37;
    else
    k = data_out - 0x30;
```

```
    data_out = sgtb[k];
    send(data_out);
    send(data_out);
}
void send(uchar data_out)
{   uchar i,temp = data_out;
    for(i = 0;i<8;i + + )
    {   DCLK = 0;
        if((temp<<i&0x80) = = 0x80)
        DATAIN = 1;
        else
        DATAIN = 0;
        DCLK = 1;
    }
    DATAIN = 1;
}
/* 延时子程序 */
void delay(uint m)
{   uint i;
    for(i = 0;i<m;i + + );
}
void main()
{   uchar data_out;
    SCON = 0x50;                //设定串口 MODE1
    TMOD = 0x20;                //设定计时器 1 为模式 2
    PCON = 0x80;                //SMOD = 1,波特率加倍
    TH1 = 0xf4;                 //设定波特率为 4800b/s
    TL1 = 0xf4;
    TR1 = 1;
loop:
    while(RI = = 0);            //接收完否
    RI = 0;
    data_out = SBUF;            //保存接收到的数据
    disp(data_out);             //显示
    delay(50000);               //延时
    goto loop;
}
```

实验 13 扩展外部数据存储器实验

实验说明

编写简单的程序，对实验板上提供的外部存储器(62256)进行读写操作，连续运行程序，数码管上显示 99。

仿真器设置

仿真器设置为 8052 模式。仿真器模式选择：内程序存储器、外数据存储器。

实验连线

SWR——P3.6，SRD——P3.7，串并转换电路的 DIN——P3.0，CLK——P3.1，数据线与仿真单片机的数据线相连，地址高 8 位、低 8 位分别与单片机地址线相连。

实验程序

(1)汇编程序 62256.asm

程序功能：把数据写入指定的地址中，然后从该地址取出数据送 LED 显示。

```
RAMDATA     XDATA   99H                    ;宏定义
RAMADDRESS  XDATA   6000H
            ORG     0000H
            AJMP    MAIN
            ORG     0030H
            MAIN:   CALL   W_RAM           ;把数据存入指定的地址中
            CALL    R_RAM                  ;从指定的地址中读出数据
            MOV     R0,A
            CALL    DISP                   ;LED 显示子程序
            CALL    DELAY
            CALL    DELAY
            AJMP    MAIN
            /* 写 RAM 子程序 */
W_RAM:      MOV     DPTR,#RAMADDRESS       ;把数据存入指定的地址中
            MOV     A,#RAMDATA
W_RAM1:     MOVX    @DPTR,A
            RET
            /* 读 RAM 子程序 */

R_RAM:      MOV     DPTR,#RAMADDRESS
R_RAM1:     MOVX    A,@DPTR                ;从指定的地址中读出数据
            RET
            /* LED 显示子程序 */
DISP:       MOV     A,R0                   ;低位
            ANL     A,#0FH
```

```
        ACALL   DSEND           ;显示
        MOV     A,R0
        SWAP    A
        ANL     A,#0FH          ;高位
        ACALL   DSEND           ;显示
        RET

DSEND:  MOV     DPTR,#SGTB1
        MOVC    A,@A+DPTR       ;取字符
        MOV     SBUF,A          ;发送字符
        JNB     TI,$            ;等待串口发送完
        CLR     TI
        RET
        /*延时子程序*/
DELAY:  MOV     R6,#250         ;延时
DELAY1: MOV     R7,#250
        DJNZ    R7,$
        DJNZ    R6,DELAY1
        RET
        /*字符编码*/
SGTB1:  DB      03H             ;0
        DB      9FH             ;1
        DB      25H             ;2
        DB      0DH             ;3
        DB      99H             ;4
        DB      49H             ;5
        DB      41H             ;6
        DB      1FH             ;7
        DB      01H             ;8
        DB      09H             ;9
        DB      11H             ;A
        DB      0C1H            ;B
        DB      63H             ;C
        DB      85H             ;D
        DB      61H             ;E
        DB      71H             ;F
        DB      00H
        END
```

(2)C语言程序

```
#include <reg51.h>
#include <absacc.h>
#define BYTE unsigned char
#define WORD unsigned int
#define  RAMADDR XBYTE[0x6000]
BYTE code  RAMDATA = 0x99;
BYTE code dis_code[10] = {0x03,0x9F,0x25,0x0D,0x99,0x49,0x41,0x1F,0x01,0x09,
                          0x11,0xc1,0x63,0x85,0x61,0x71,0x00};
                       // 0   1   2   3   4   5   6   7   8   9
                       // A   B   C   D   E   F
void w_ram();
BYTE r_ram();
void disp(BYTE dat);
void dsend(BYTE dat);
/* 写 RAM 子程序 */
void w_ram()
{
    RAMADDR = RAMDATA;
}
/* 读 RAM 子程序 */
BYTE r_ram()
{   BYTE dat;
    dat = RAMADDR;
    return(dat);
}
/* LED 显示子程序 */
void disp(BYTE dat)
{
    BYTE dat1;
    dat1 = dat&0x0f;
    dsend(dat1);
    dat1 = dat>>4;
    dsend(dat1);
}
void dsend(BYTE dat)
{
    BYTE j,f;
    j = dat;
```

```
    f = dis_code[j];
    SBUF = f;
    while(TI = = 0);TI = 0;
  }
  void main(void)
  {do
    {
      BYTE dat,i;
      w_ram( );                          //把数据存入指定的地址中
      dat = r_ram();                     //从指定的地址中读出数据
      disp(dat);                         //显示
      for(i = 0;i<10000;i + + );
    }
    while(1);
  }
```

实验 14 A/D 转换实验

图 1-14-1 中，ADC0809 的数据输出端与主单片机 P0 口连接。参考电压 VREF(+)=5 V，VREF(-)=0 V 已接好。插孔 IN0～IN7 为 8 路模拟信号输入端，可使用手动高低电平输出区的电位器分压输出作为 A/D 的输入信号。由于 ADC0809 内部没有时钟电路，需要外部提供时钟信号送入到 CLK 端(一般输入频率不超过 1280 kHz)，通常用 ALE 经分频电路区分频后供给。/CS 为选通信号，低电平有效。EOC 为 A/D 转换结束标志信号输出端，EOC 为高电平时，表示转换结束，在 MCS-51 中，此信号经反向可作为 CPU 中断信号。A/D 转换也可以用查询和等待方式。

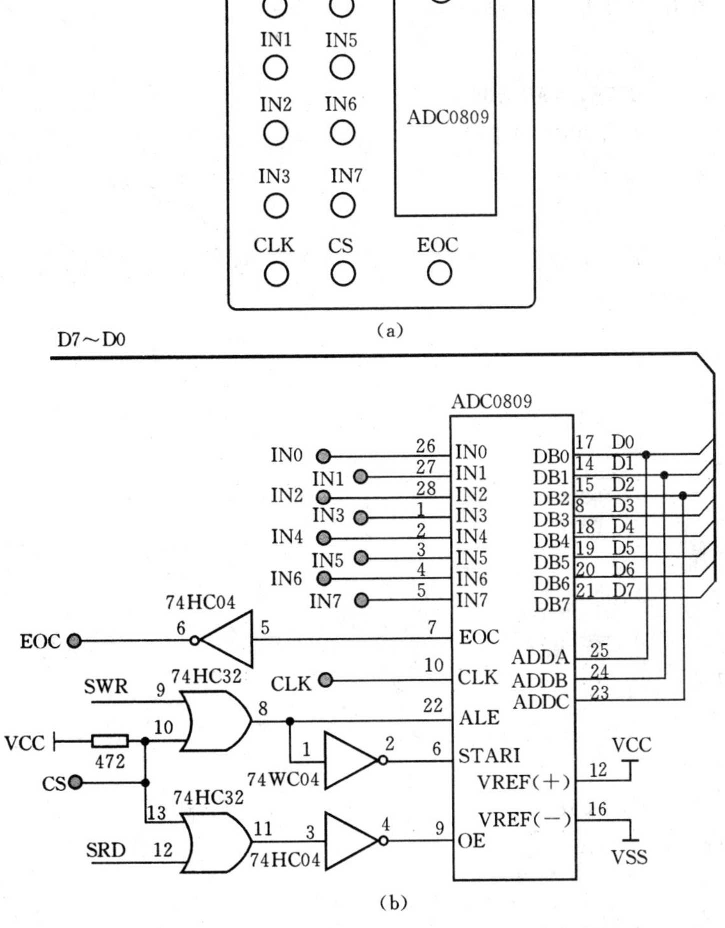

图 1-14-1 ADC0809 实验区的布局与原理图

这部分内容应该力求掌握设计原理，并与教科书中的内容进行比较，深化电路原理的学习，提高调试技术。

实验目的

了解 A/D 转换器与单片机的接口方法，掌握 AD0809 转换器的工作原理及编程方法。

仿真器设置

仿真器设置的 8052 模式。仿真器模式选择：内程序存储器、外数据存储器。

实验连线

本实验模拟输入信号通过插孔 IN0 输入；EOC 为高电平时表示转换结束，经反向可作为 CPU 中断信号。

实验程序

(1)汇编程序 0809.asm

```
        AD0809      XDATA  8000H
        ORG     0000H
        AJMP    MAIN
        /*采用查寻方式 AD 转换程序*/
        ORG     0030H
MAIN:   MOV     DPTR,#AD0809
        MOV     A,#00H
        MOVX    @DPTR,A                     ;启动 AD 转换
        CALL    DELAY                       ;延时
        MOVX    A,@DPTR                     ;转换结束读取结果
        MOV     R0,A
        CALL    DISP
        CALL    DELAY
        CALL    DELAY
        CALL    DELAY
        AJMP    MAIN
        /*显示子程序*/
DISP:   MOV     A,R0                        ;低位显示
        ANL     A,#0FH
        ACALL   DSEND
        MOV     A,R0
        SWAP    A
        ANL     A,#0FH                      ;高位显示
        ACALL   DSEND
        RET

DSEND:  MOV     DPTR,#SGTB1
        MOVC    A,@A+DPTR                   ;取字符
        MOV     SBUF,A                      ;发送字符
        JNB     TI,$                        ;等待串口发送完
```

```
        CLR     TI
        RET
        /＊延时程序＊/
DELAY:  MOV     R4,#250                 ;延时
DELAY1: MOV     R5,#250
        DJNZ    R5,$
        DJNZ    R4,DELAY1
        RET
        /＊字符编码＊/
SGTB1:  DB      03H                     ;0
        DB      9FH                     ;1
        DB      25H                     ;2
        DB      0DH                     ;3
        DB      99H                     ;4
        DB      49H                     ;5
        DB      41H                     ;6
        DB      1FH                     ;7
        DB      01H                     ;8
        DB      09H                     ;9
        DB      11H                     ;A
        DB      0C1H                    ;B
        DB      63H                     ;C
        DB      85H                     ;D
        DB      61H                     ;E
        DB      71H                     ;F
        DB      00H
        END
```

(2)C 语言程序

```
#include <reg51.h>
#include <absacc.h>
#define BYTE unsigned char
#define WORD unsigned int
#define AD0809 XBYTE[0X8000]
BYTE code dis_code[] = {0x03,0x9f,0x25,0x0d,0x99,0x49,0x41,0x1f,0x01,0x09,
                        0x11,0xc1,0x63,0x05,0x61,0x71,0x00}, /* 字符编码 */
void disp(BYTE dat);
void dsend(BYTE dat);
/* 显示子程序 */
void disp(BYTE dat)
```

```
{
    BYTE temp = dat;
    dat = temp&0x0f;
    dsend(dat);
    dat = temp>>4;
    dsend(dat);
}
void dsend(BYTE dat)
{
    BYTE i = dat;
    SBUF = dis_code[i];
    while (TI = = 0);TI = 0;
}
/* 采用查寻方式 AD 转换程序 */
void main(void)
{
    BYTE dat;
    WORD j;
    do
    {
        AD0809 = 0x00;                  //通道 0
        for(j = 0;j<200;j + +);
            dat = AD0809;               //启动 AD 转换
            disp(dat);                  //显示转换结果
            for(j = 0;j<5000;j + +);
        }
        while(1);
}
```

实验 15 D/A 转换实验

该实验区的布局与原理图如图 1-15-1 所示。

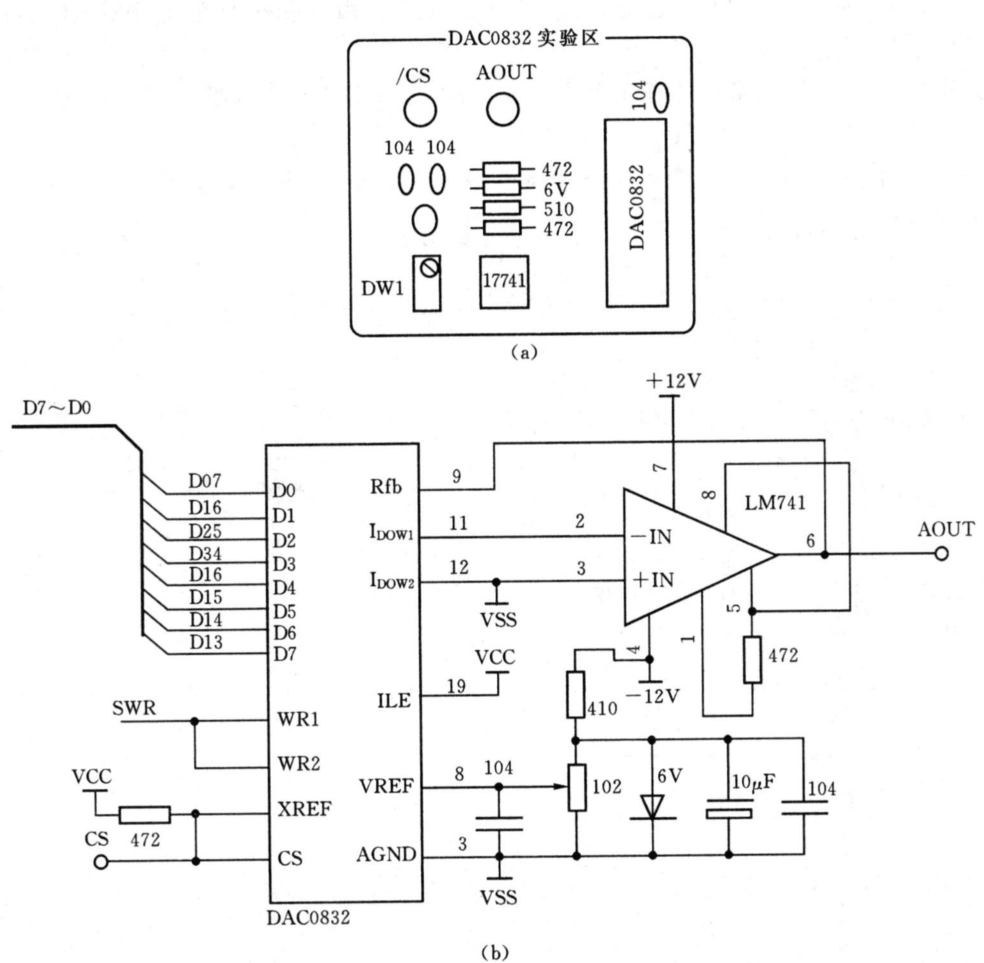

图 1-15-1 DAC0832 实验区的布局与原理图

图 1-15-1 中，DAC0832 的数据输入端已与主单片机 P0 口连接。外接运算放大器的±12 V已经接好，正电源 VCC＝5 V 和负电源 VSS＝－5 V 实时输出为双极性；当单输出时 VSS 应接地。当参考电压 VREF＝－6 V 时为正极性输出，反之为负极性输出。插孔 AOUT 为电压信号输出端。/CS 为片选信号，低电平有效。电位器 DW1 可用来调节参考电压，改变输出电压幅度。

实验日的

编写应用程序，使 D/A 转换分别输出阶梯波、锯齿波和方波，用示波器观察波形。

仿真器设置

8052 模式；仿真器模式选择：内程序存储器和外数据存储器。

实验连线

CS——译码电路的 8000H；AOUT——示波器；SWR——P3.6；SRD——P3.7，数据线与仿真单片机的数据线相连，地址高 8 位、低 8 位分别与单片机地址线相连 。

预习要求

这部分内容应该力求读懂其工作原理并与教科书中的内容进行比较，深化对电路原理的学习，提高调试技术。

另外，在读程序时，能将要求输出电压转换为输入数字量以便于编程，计算公式为

数字量/0FFH＝输出电压/VFER

例如，采用 DAC0832 产生锯齿波，要求锯齿波最大值为十六进制数 35H，最小值为 00H。

实验程序

(1)汇编程序

①采用 DAC0832 产生锯齿波，要求锯齿波电压最大值为十进制 35，最小值为 0。

```
DA0832    XDATA  8000H
          ORG    0000H
          AJMP   MAIN
          /＊主程序＊/
          ORG    0030H

MAIN：    MOV    DPTR,＃DA0832
JCB1：    MOV    A,＃0
JCB2：    MOVX   @DPTR,A
          INC    A
          CJNE   A,＃35,JCB2
          AJMP   JCB1
          END
```

②采用 DAC0832 产生方波，方波最大值为 0FFH，最小值为 00H。

```
DA0832    XDATA  8000H
          ORG    0000H
          AJMP   MAIN
             /＊主程序＊/
          ORG    0030H
MAIN：    MOV    DPTR,＃DA0832
FB1：     MOV    A,＃0
          MOVX   @DPTR,A
          CALL   DELAY
          MOV    A,＃0FFH
          MOVX   @DPTR,A
          CALL   DELAY
          AJMP   FB1
```

```
DELAY:    MOV     R1,#02H
DL0:      MOV     R2,#225
          DJNZ    R2,$
          DJNZ    R1,DL0
          RET
          END
```

③利用 DAC0832 产生阶梯波,阶梯初始值为 0,阶梯数为 15,增长步长为 12;

```
DA0832    XDATA   8000H
          ORG     0000H
          AJMP    MAIN
          /*主程序*/
          ORG     0030H
MAIN:     MOV     R1,#0FFH
JTB0:     MOV     DPTR,#DA0832
          MOV     R0,#15
          MOV     A,#0
JTB1:     MOVX    @DPTR,A
          CALL    DELAY1MS
          ADD     A,#12
          DJNZ    R0,JTB1
          DJNZ    R1,JTB0
          AJMP    MAIN
              /*延时程序*/
DELAY1MS: MOV     R1,#01H
DL0:      MOV     R2,#225
          DJNZ    R2,$
          DJNZ    R1,DL0
          RET
          END
```

(2)C 语言程序

①产生锯齿波,锯齿波最大值为 35,最小值为 0。

```
#include <reg51.h>
#include <absacc.h>
#define BYTE unsigned char
#define WORD unsigned int
#define DA0832 XBYTE[0x8000]
void main(void)
{    BYTE dat,i;
     do
```

```
    {   dat = 0;
        for(i = 0;i<35;i + + )
        {
            DA0832 = i;
        }
    }
    while(1);
}
```

②产生方波，方波最大值为 0FFH，最小值为 00H 。

```
#include <reg51.h>
#include <absacc.h>
#define BYTE unsigned char
#define WORD unsigned int
#define DA0832 XBYTE[0x8000]

void main (void)
{   WORD i;
    do
    {   DA0832 = 0X00;
        for(i = 0;i<100;i + + );
        DA0832 = 0XFF;
        for(i = 0;i<100;i + + );
    }
    while(1);
}
```

③产生阶梯波，阶梯初始值为 0，阶梯数为 15，增长步长为 12。

```
#include <reg51.h>
#include <absacc.h>
#define BYTE unsigned char
#define WORD unsigned int
#define DA0832 XBYTE[0x8000]
void main (void)
{
BYTE dat,i,j;
do{
      for(j = 0;j<125;j + + )
      {
          dat = 0;
          for(i = 0;i<15;i + + )
```

```
            {
                dat = dat + 12;
                DA0832 = dat;
            }
        }
    }
while(1);
}
```

实验考核

从基础实验中抽出一个实验，单独操作完成所选择的实验内容，考核占实验总分的30%，平时成绩占实验总分的70%。

第二篇　单片机原理与接口技术实训教程

2.1　基础训练

实践目的:学生在电子综合训练平台上,学习和理解平台提供的单元功能模块电路和测试程序,初步学会使用测试软件对硬件电路调试的方法,掌握实现该功能的软件流程图和编程要点。

使用仪器:计算机、多功能设计训练平台及 C－51 的编译环境。

实践内容:多功能设计训练平台的单元硬件模块设计与读测试程序。选择电源模块、串口通信、ZLG7289 显示、最小系统、片选扩展、总线驱动、中断扩展模块、MAX197 和 DAC0832 这 9 个单元模块。

教学方法:采用“跟我学”引导同学对训练平台所提供的硬件资源和相应的测试程序进行学习,为后续的扩展训练和专题训练打好基础。

基础训练 1　电源测试

在平台上,提供了＋5V,＋12V,－12V 三种电源,实物如图 2－1－1 所示。

图 2－1－1　电源模块实物照片

在测试电源部分之前,我们需要先用万用表检查电源和地之间是否有短路现象;然后上电,观察三个指示电源的发光二极管是否正常点亮,然后用万用表测量电源电压,看是否是＋5V,＋12V,－12V。

基础训练 2 串口通信模块

对单片机进行测试，首先必须测试人机交互的一些接口是否正常，这样才可以对单片机的运行情况进行调试，我们首先测试串口。

MCS-51 单片机与计算机的通信接口（UART）电平匹配是采用 MAX232 芯片实现的，实物如图 2-1-2 所示，在该模块上标有 UART 字样。其原理如图 2-1-3 所示，图中 MCS-51 的 TXD 端经 MAX232 芯片电平转换并通过 RS232-F 接口线接到 PC 机的 TXD 端；而 PC 机的 RXD 经 RS232-F 接口线接到 MAX232 芯片电平转换后和 MCS-51 的 RXD 端相连。显然 RS232-F 接口线是采用三线（TXD、RXD 和地）传送的。

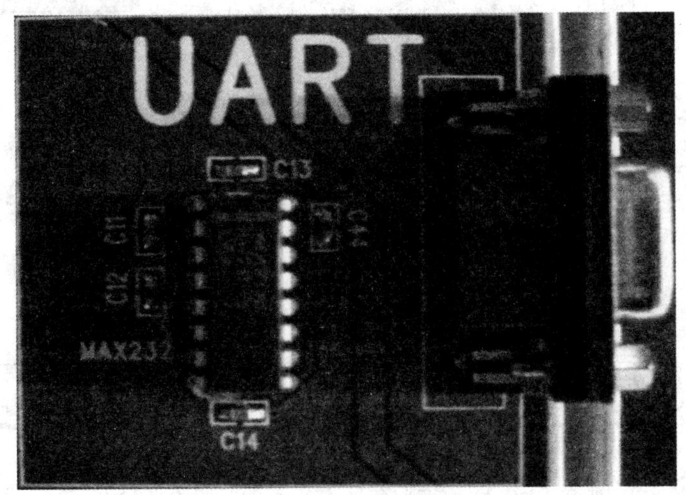

图 2-1-2 串口通信模块实物照片

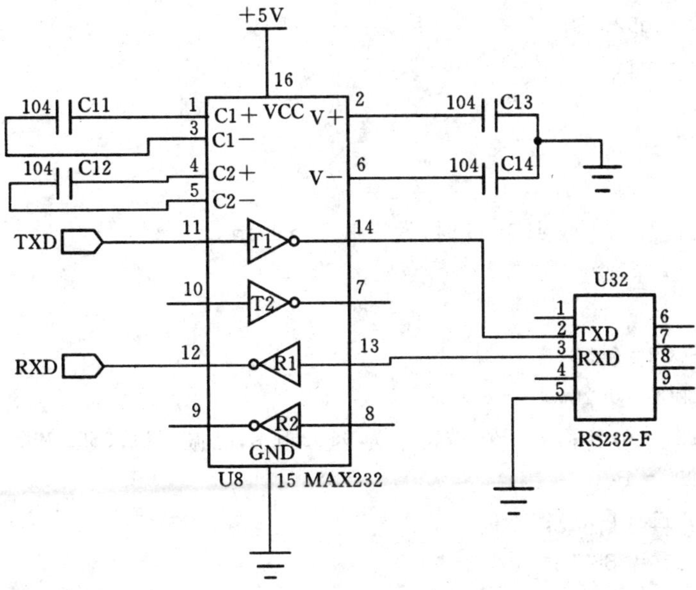

图 2-1-3 电平匹配原理图

软件调试步骤如下。

①我们使用 KEIL C51 建立一个工程，添加“串口.C”文件，界面如图 2-1-4 所示。

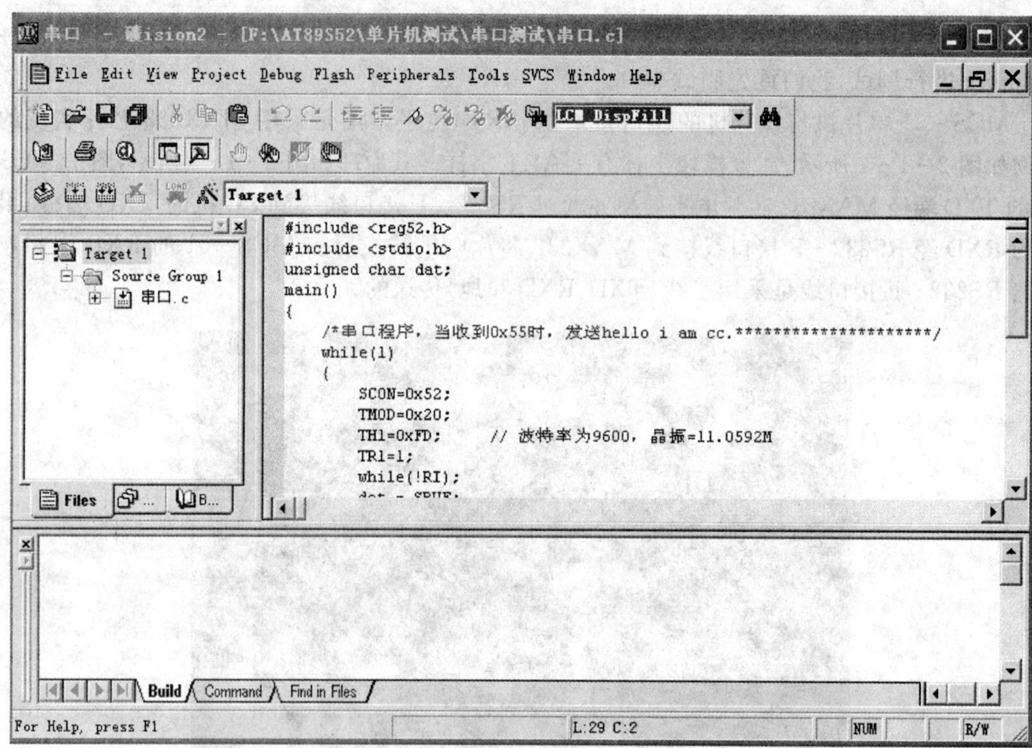

图 2-1-4　“串口.C”文件界面

输入测试程序的源代码如下：

```
#include <reg52.h>
#include <stdio.h>
unsigned char dat;
main()
{
    /* 串口程序，当收到 0x55 时，发送 Hello I am cc.  */
    while(1)
    {
        SCON = 0x52;
        TMOD = 0x20;
        TH1 = 0xFD;        // 波特率为 9600 b/s，晶振 = 11.0592 MHz
        TR1 = 1;
        while(! RI);
        dat = SBUF;
        if (dat = = 0x55)
        {
```

```
            printf("Hello I am cc. \n");
        }
    /*串口程序 END*/
    }
}
```

②选择 Options for Target 选项,界面如图 2-1-5 所示。

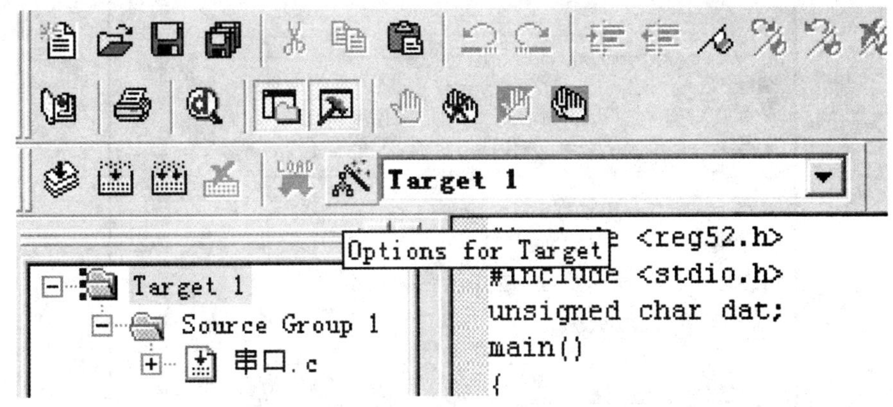

图 2-1-5 Options for Target 选项

③在 Output 一栏里,选择 Create HEX File 功能。按下"F7",编译工程,在工程目录下生成一个"串口.hex"文件。如图 2-1-6 所示。

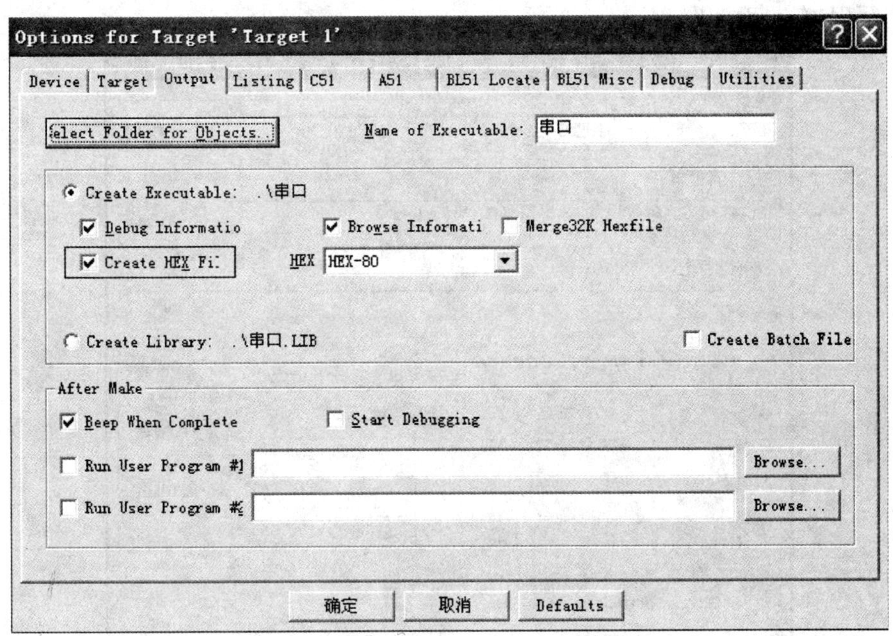

图 2-1-6 "串口.hex"文件生成界面

④把单片机下载线连接到 PC 机并口上,另外一端连接到训练平台 UART 模块中的 10 针 ISP 下载端口上,然后打开 SLISP 软件,如图 2-1-7 所示。

选择软件配置:并行端口选择 LPT1,下载模式选择 TURBO,器件选择 AT89S52。

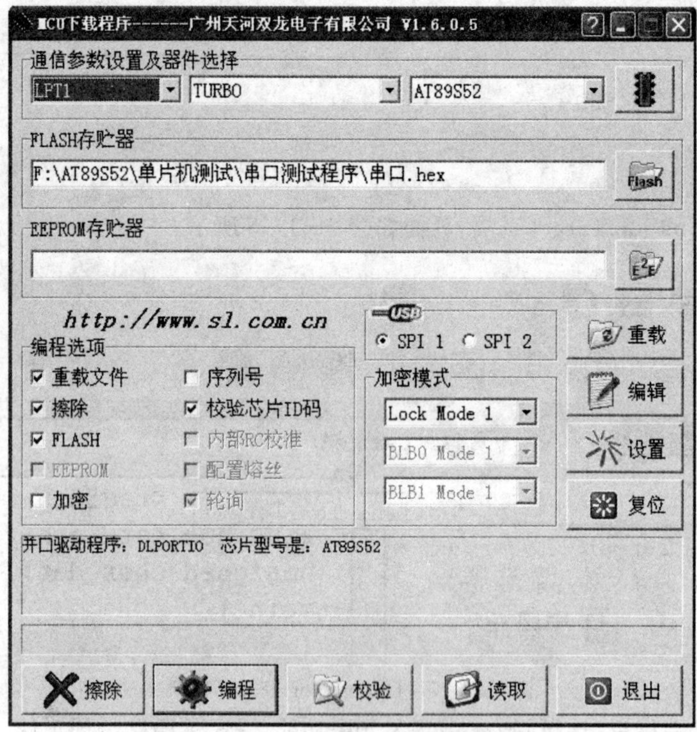

图 2-1-7　SLISP 软件操作界面

⑤烧写程序，界面如图 2-1-8 所示。

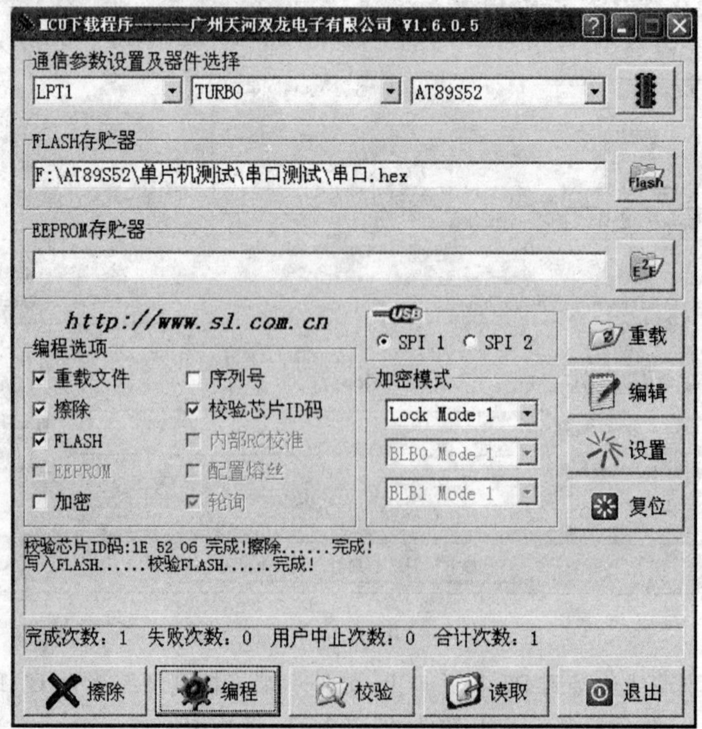

图 2-1-8　烧写程序操作界面

在“FLASH 存贮器”一栏中，选择刚才编译好的“串口.hex”文件，单击“编程”，则会把程序直接烧写到单片机的 FLASH 中。程序烧写进去之后，就会直接运行，不需要复位。

⑥运行操作，打开“串口调试助手”，如图 2－1－9 所示。

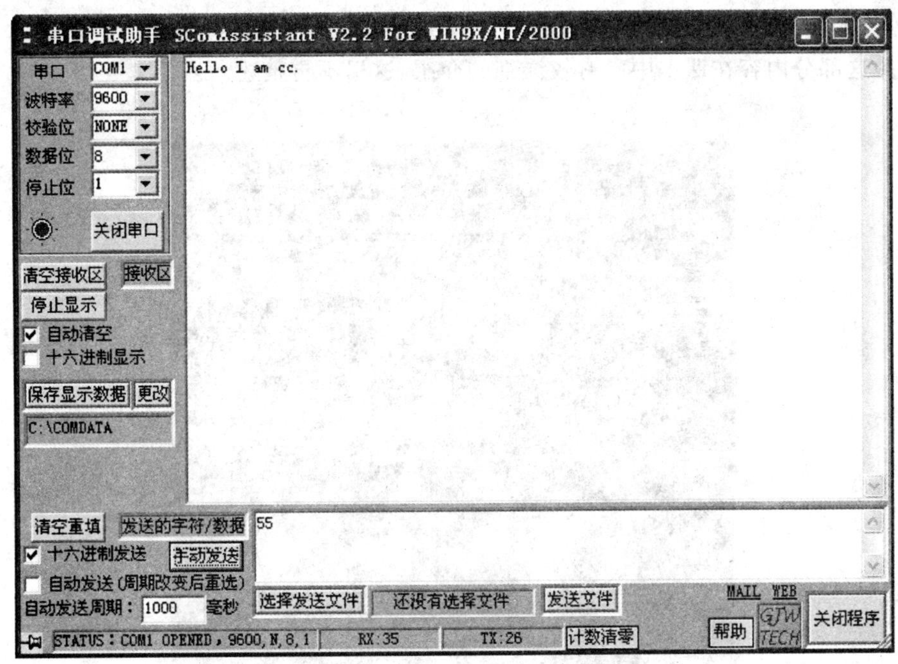

图 2－1－9 运行操作界面

波特率设置为 9600 b/s；8 位数据：1 位起始位、1 位停止位、无奇偶校验位；选择“十六进制发送”；数据栏里填写“55”。这样，每点击一次“手动发送”，PC 机就会向单片机发送 0x55，当单片机接收到 0x55 时，便会向 PC 机发送字符串“Hello I am cc.”，如图 2－1－9 所示。

基础训练3 键盘与LED显示模块

键盘与LED显示模块使用芯片ZLG7289,实物如图2-1-10所示,原理图如图2-1-11所示,有关这部分内容在课本中已有较详细的介绍,这里不再赘述。

图2-1-10 键盘与LED显示模块实物照片

进行运行测试程序时,首先需要在INT区把KEY用跳线帽跳到INT0,其余四个跳到VCC。程序编译和下载的过程和上面类似。

键码Key和键名对照关系如表2-1-1所示。其中键名代表功能含义。

表2-1-1 键码Key和键名

键名	Key	键名	Key	键名	Key	键名	Key	键名	Key	键名	Key
01	2FH	02	27H	03	1FH	04	17H	05	0FH	06	07H
07	2EH	08	26H	09	1EH	10	16H	11	0EH	12	06H
13	2DH	14	25H	15	1DH	16	15H	17	0DH	18	05H
19	2CH	20	24H	21	1CH	22	14H	23	0CH	24	04H

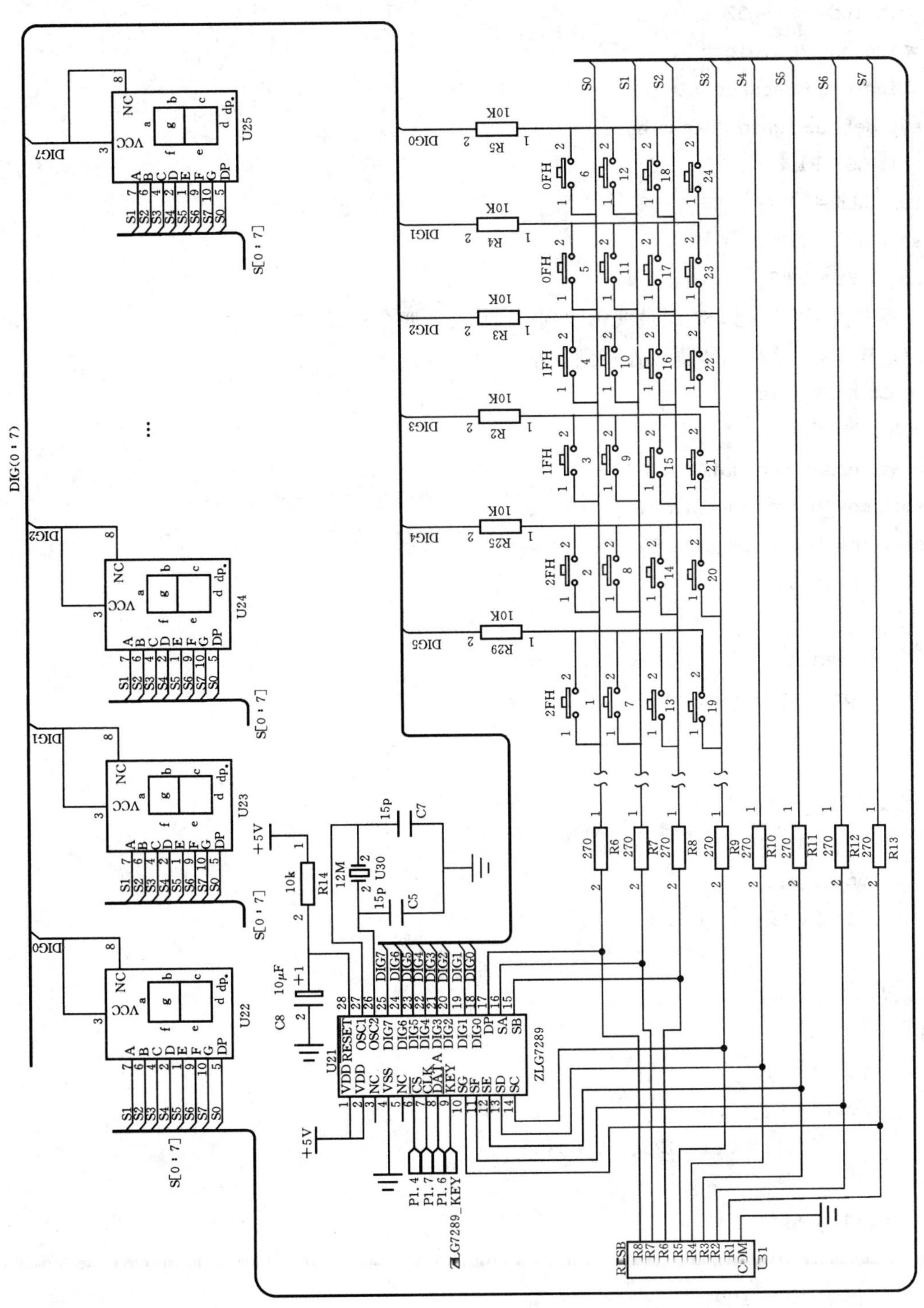

图 2-1-11 键盘与 LED 显示原理图

测试程序的源代码如下：

```
#include <reg52.h>
#include <stdio.h>
#include <absacc.h>
typedef unsigned char uchar;
sbit CS = P1^4;
sbit CLK = P1^7;
sbit DIO = P1^6;
sbit KEY = P3^2;
//需要在 INT 区把 KEY 用跳线帽跳到 INT0,其余四个跳到 VCC
//这样,P3^2 就相当于直接连接到 key
uchar half_hign;
uchar half_low;
bdata uchar com_data;
sbit mos_bit = com_data^7;
sbit low_bit = com_data^0;
void delay_50us()
{
    uchar i;
    for (i = 0; i<6; i++){;}
}

void delay_8us()
{
    uchar i;
    for (i = 0; i<1; i++){;}
}
void delay_50ms()
{
    uchar i,j;
    for(j = 0;j<50;j++)
        for(i = 0;i<125;i++){;}
}
void delay_5s()
{
    uchar i = 100;
    while(i--)
        delay_50ms();
}
```

```
void send(uchar sebuf)
{
    uchar i;
    com_data = sebuf;
    CLK = 0;
    CS = 0;
    delay_50us();
    for(i = 0;i<8;i + + )
    {
        delay_8us();
        DIO = mos_bit;
        CLK = 1;
        delay_8us();
        com_data = com_data<<1;
        CLK = 0;
    }
    DIO = 0;

uchar receive(void)
{
    uchar i,rebuf;
    CLK = 1;
    delay_50us();
    for(i = 0;i<8;i + + )
    {
        com_data = com_data<<1;
        low_bit = DIO;
        CLK = 1;
        delay_8us();
        CLK = 0;
        delay_8us();
    }
    rebuf = com_data;
    DIO = 1;
    CS = 1;
    return rebuf;
}
void reset(void)
```

```
{
    DIO = 1;
    delay_50ms();
    send(0xa4);
    CS = 1;
}
/ * ZLG7289 显示程序 ,addr 为显示位置 ,范围是 0～7,dat 为显示内容 * /
void display(uchar addr,uchar dat)
{
    if(addr<0 || addr >7)
        return;
    send(0xc8 + addr);
    delay_50us();
    send(dat);
    CS = 1;
}
/ * 发送双字节命令 * /
void sendcommand(uchar addr,uchar dat)
{
    send(addr);
    delay_50us();
    send(dat);
    CS = 1;
}
/ * 获取键盘的键名 * /
uchar getkeycode(uchar dat)
{
    uchar key;
    switch(dat)
    {
        case 0x2f: key = 0x01;break;
        case 0x27: key = 0x02;break;
        case 0x1f: key = 0x03;break;
        case 0x17: key = 0x04;break;
        case 0x0f: key = 0x05;break;
        case 0x07: key = 0x06;break;
        case 0x2e: key = 0x07;break;
        case 0x26: key = 0x08;break;
        case 0x1e: key = 0x09;break;
```

```
        case 0x16: key = 0x10;break;
        case 0x0e: key = 0x11;break;
        case 0x06: key = 0x12;break;
        case 0x2d: key = 0x13;break;
        case 0x25: key = 0x14;break;
        case 0x1d: key = 0x15;break;
        case 0x15: key = 0x16;break;
        case 0x0d: key = 0x17;break;
        case 0x05: key = 0x18;break;
        case 0x2c: key = 0x19;break;
        case 0x24: key = 0x20;break;
        case 0x1c: key = 0x21;break;
        case 0x14: key = 0x22;break;
        case 0x0c: key = 0x23;break;
        case 0x04: key = 0x24;break;
        default:   key = 0xee;break;
    }
    return key;
}
main()
{
    uchar dat,key;
    reset();
    send(0xbf);                     /* 测试指令 */
    CS = 1;
    delay_5s();
    sendcommand(0x88,0xff);         /*禁止闪烁*/
    while(1)
    {
        while(KEY);                 /*    判断是否有按键按下      */
        send(0x15);
        delay_50us();
        dat = receive();
        delay_50us();
        key = getkeycode(dat);
        half_hign = key >> 4;
        half_low  = key & 0x0f;
        /* 显示键盘的键名  */
        display(0,half_hign);
```

```
        display(1,half_low);
        display(2,half_hign);
        display(3,half_low);
        display(4,half_hign);
        display(5,half_low);
        display(6,half_hign);
        display(7,half_low);

        while(! KEY);
    }
}
```

下载 ZLG7289 测试程序,数码管会全部点亮并且闪烁 5 秒钟,然后依次按按键,数码管上则会显示该按键的键名,按键的键名编号从左到右从上到下依次为:1～6，7～12，13～18，19～24，如按下第二行第一个按键时,它的键名为 7,数码管上则会显示"07070707",依次类推,当按下最后一个按键时,数码管上则会显示"24242424",这样就把每个按键都测试了一遍。

基础训练 4　单片机的最小系统

图 2-1-12　最小系统模块的实物照片

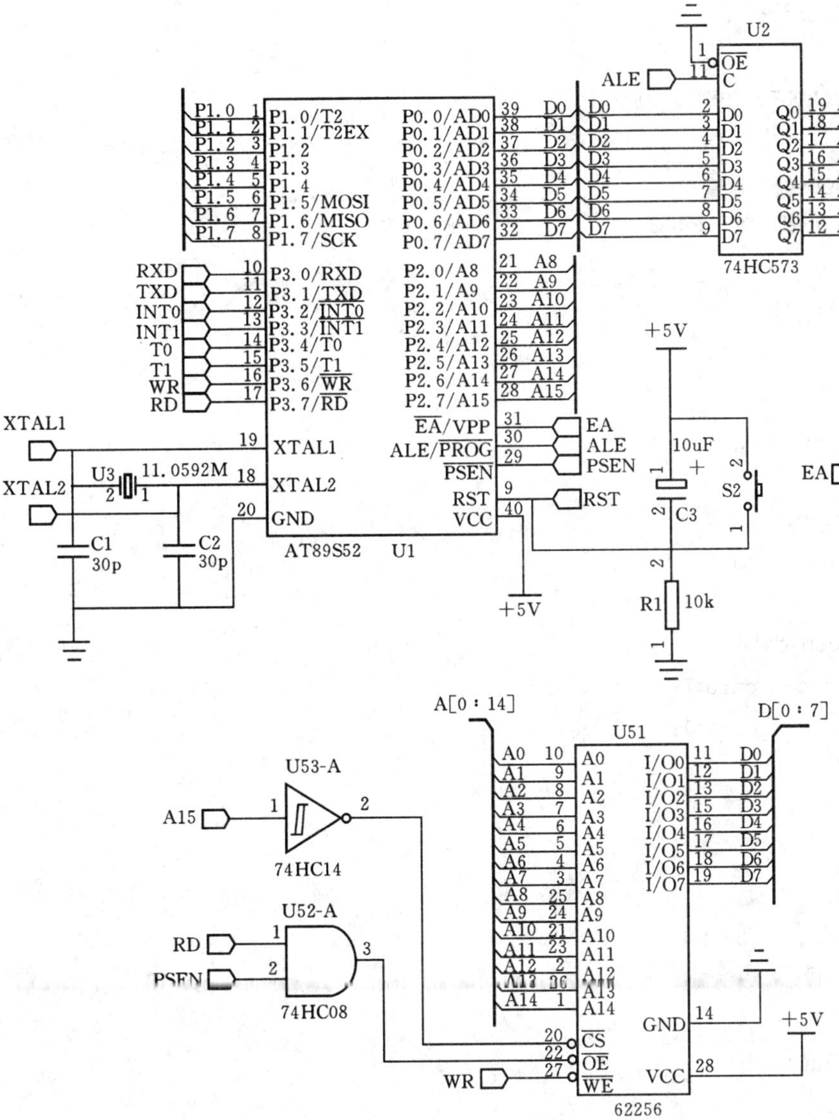

MCS-51 单片机的最小系统模块的实物如图 2-1-12 所示，模块原理如图 2-1-13 所示。

图 2-1-13 中：各连接方式以三总线 AB、DB、CB 的形式画出，并设计了由短路块选择 EA 接地或者接电源来选择程序开始的物理地址。

最小系统包含了一片 32K 字节 RAM，其

图 2-1-13　MCS-51 单片机的最小系统

地址范围为 8000H～FFFFH。CPU 的/WR 接 RAM 的/WR,/RD 和/PSEN 相与接/OE,这样可以为调试提供方便,通过设置,用户可将该 RAM 用于外部数据存储器,也可用于外部程序存储器。

对 CPU 的测试是通过示波器观察 ALE 引脚是否有脉冲信号输出,如果有,说明 CPU 已处于工作状态。

对 RAM 的测试程序

RAM 的地址空间为 0x8000～0xFFFF,当需要对这片 RAM 的每一位进行测试时,只要对每一位写 1 和 0,看能否正确写入和读出即可,所以对每一个字节分别写入 0xaa 和 0x55,看是否能正确地读出。测试程序代码如下：

```
#include <reg52.h>
#include <stdio.h>
#include <absacc.h>

#define RAM(ADDR) XBYTE[ADDR]

typedef unsigned int uint;
typedef unsigned char uchar;

sbit CS = P1^4;
sbit CLK = P1^7;
sbit DIO = P1^6;
sbit KEY = P3^2;

uchar half_hign;
uchar half_low;

bdata uchar com_data;
sbit mos_bit = com_data^7;
sbit low_bit = com_data^0;

void delay_50us()
{
    uchar i;
    for (i = 0; i<6; i+ +){;}
}

void delay_8us()
{
    uchar i;
```

```
    for (i=0; i<1; i++){;}
}
void delay_50ms()
{
    uchar i,j;
    for(j=0;j<50;j++)
        for(i=0;i<125;i++){;}
}

void send(uchar sebuf)
{
    uchar i;
    com_data=sebuf;
    CLK=0;
    CS=0;
    delay_50us();
    for(i=0;i<8;i++)
    {
        delay_8us();
        DIO=mos_bit;
        CLK=1;
        delay_8us();
        com_data=com_data<<1;
        CLK=0;
    }
    //DIO=0;
}
uchar receive(void)
{
    uchar i,rebuf;
    CLK=1;
    delay_50us();
    for(i=0;i<8;i++)
    {
        com_data=com_data<<1;
        low_bit=DIO;
        CLK=1;
        delay_8us();
        CLK=0;
```

```
        delay_8us();
    }
    rebuf = com_data;
    DIO = 1;
    CS = 1;
    return rebuf;
}

void reset(void)
{
    DIO = 1;
    delay_50ms();
    send(0xa4);
    CS = 1;
}
/*  7289 显示程序,addr 为显示位置 ,范围 0～7,dat 为显示内容 */
void display(uchar addr,uchar dat)
{
    if(addr<0 || addr >7)
        return;
    send(0xc8 + addr);
    delay_50us();
    send(dat);
    CS = 1;
}
/*发送双字节命令*/
void sendcommand(uchar addr,uchar dat)
{
    send(addr);
    delay_50us();
    send(dat);
    CS = 1;
}
void main()
{
    uchar dat;
    uint i;
    reset();
    for(i = 0x0000;i<0x8000;i + +)
```

```
    {
        /*  对32K RAM的每一个字节进行测试  */
        /*  先写入0xaa,然后看能否读出来  */
        RAM(i + 0x8000) = 0xaa;
        dat = RAM(i + 0x8000);
        if(dat ! = 0xaa)
            break;
        /*  再写入0x55,然后看能否读出来  */
        RAM(i + 0x8000) = 0x55;
        dat = RAM(i + 0x8000);
        if(dat ! = 0x55)
            break;
    }
    if(i = = 0x8000)  /*没有问题则显示P */
        sendcommand(0x80,0x0e);
    else              /* 有问题则显示E  */
        sendcommand(0x80,0x0b);
    while(1);
}
```

如果RAM正常,则数码管显示“P”,如果不正常,则数码管显示“E”。

基础训练 5　供用户使用的扩展片选模块(CS)

模块的实物如图 2-1-14 所示，片选模块的原理如图 2-1-15 所示。

图 2-1-14　片选模块的实物照片

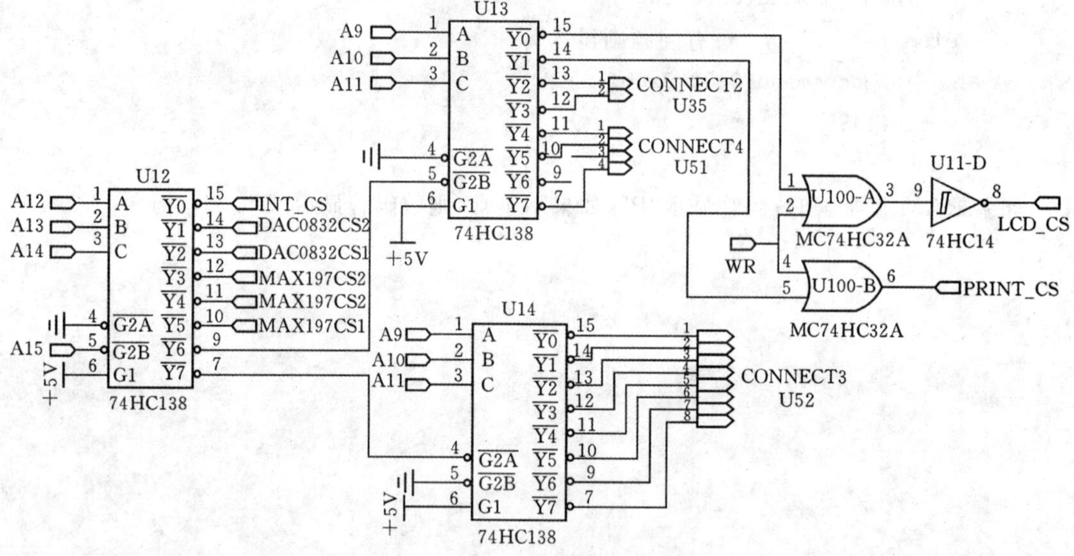

图 2-1-15　片选模块的原理图

在图 2-1-14 中可供用户使用的片选端共 16 个，由圆插孔引出，它们的地址分别为：

6000H～61FFH　　7000H～71FFH

6200H～63FFH　　7200H～73FFH

6400H～65FFH　　7400H～75FFH

6600H～67FFH　　7600H～77FFH

6800H～69FFH　　7800H～79FFH

6A00H～6BFFH　　7A00H～7BFFH

6C00H～6DFFH　　7C00H～7DFFH

6E00H～6FFFH　　7E00H～7FFFH

其余的片选地址已经连接到平台的固定模块中，如 LCD、ADC、DAC 等。

片选模块的测试程序

将测试程序下载后运行，然后使用示波器依次观察 64XXH～7EXXH 等 14 个片选端是否有片选信号产生。测试程序代码为：

```
#include <reg52.h>
#include <stdio.h>
#include <absacc.h>
#define CS(ADDR) XBYTE[ADDR]

void main()
{     unsigned int i;
      while(1)
      {   /*  依次向 64XXH～7EXXH 地址发送数据    */
          /*  这样便会产生片选信号   */
          for(i = 0;i<14;i++)
              CS(0x6400 + i*0x200) = 0x00;
      }
}
```

基础训练 6 总线驱动模块

总线是由 74HC245 单向驱动的，这里仅驱动了 AB 总线和 CB 总线，DB 总线未驱动，并直接引出。总线驱动模块的实物如图 2-1-16 所示，原理图如图 2-1-17 所示。

图 2-1-16 总线 AB 和 CB 驱动模块实物照片

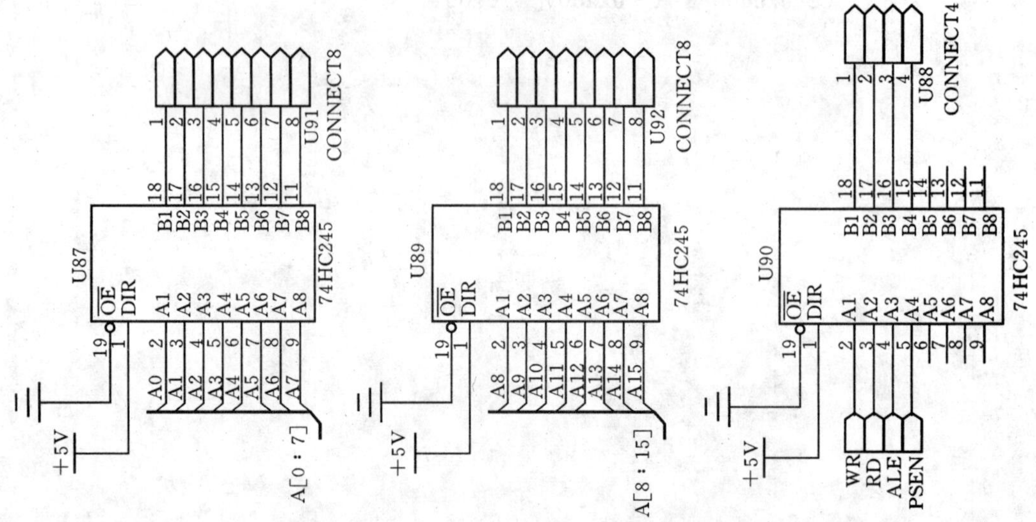

图 2-1-17 总线 AB 和 CB 的驱动原理图

注：当微处理器连接较多的存储器或 I/O 电路时，需要它提供较大的负载电流，因此需要提供总线驱动电路。与地址总线驱动电路不同的是，数据总线必须采用双向驱动电路，常用的器件为 74LS245，读者只需看懂电路，以备在需要驱动时使用。

基础训练 7　中断扩展模块

中断扩展模块实物如图 2－1－18 所示，原理图如图 2－1－19 所示。该模块扩展了 MAX197、时钟芯片、TLC2543 以及 ZLG7289 的中断输入，如果要使用其中某个中断，则将跳线帽连接到相应中断的右端，如果连接到左端，则屏蔽该中断。当产生 INT0 中断时，由程序读取 74HC245 的状态来判断中断源，并进入相应的中断服务程序。

图 2－1－18　中断扩展模块实物照片

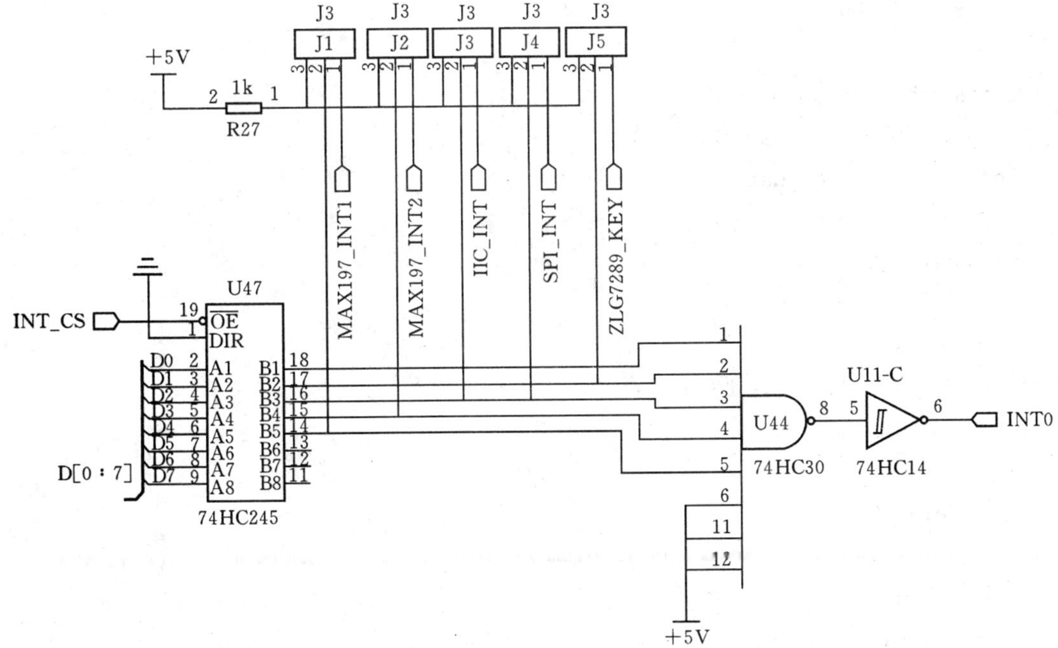

图 2－1－19　中断扩展原理图

中断模块测试程序

系统共扩展了5个中断源，但是单片机只有两个中断端口，所以我们用一个八与门把所有的中断信号相与之后申请中断，这样就需要在中断服务程序中判断中断源，当进入中断后我们通过读74HC245来获得当前的中断状态，这里我们设计了跳线，可以把暂时不需要的中断直接连接到VCC，从而屏蔽这个中断源。本次测试的目的只是看单片机能否读取各个中断源的状态。测试程序代码为：

```
#include <reg52.h>
#include <stdio.h>
#include <absacc.h>

#define CS(ADDR) XBYTE[ADDR]

typedef unsigned int uint;
typedef unsigned char uchar;

sbit CS = P1^4;
sbit CLK = P1^7;
sbit DIO = P1^6;
sbit KEY = P3^2;

uchar half_hign;
uchar half_low;

bdata uchar com_data;
sbit mos_bit = com_data^7;
sbit low_bit = com_data^0;

void delay_50us()
{
     uchar i;
     for (i = 0; i<6; i + + ){;}
}

void delay_8us()
{
     uchar i;
     for (i = 0; i<1; i + + ){;}
}
void delay_50ms()
```

```
{
    uchar i,j;
    for(j = 0;j<50;j + + )
        for(i = 0;i<125;i + + ){;}
}
void send(uchar sebuf)
{
    uchar i;
    com_data = sebuf;
    CLK = 0;
    CS = 0;
    delay_50us();
    for(i = 0;i<8;i + + )
    {
        delay_8us();
        DIO = mos_bit;
        CLK = 1;
        delay_8us();
        com_data = com_data<<1;
        CLK = 0;
    }
    DIO = 0;
}
uchar receive(void)
{
    uchar i,rebuf;
    CLK = 1;
    delay_50us();
    for(i = 0;i<8;i + + )
    {
        com_data = com_data<<1;
        low_bit = DIO;
        CLK = 1;
        delay_8us();
        CLK = 0;
        delay_8us();
    }
    rebuf = com_data;
    DIO  = 1;
```

```
    CS = 1;
    return rebuf;
}
void reset(void)
{
    DIO = 1;
    delay_50ms();
    send(0xa4);
    CS = 1;
}
/*  7289 显示程序，addr 为显示位置，范围 0～7,dat 为显示内容 */
void display(uchar addr,uchar dat)
{
    if(addr<0 || addr >7)
        return;
    send(0xc8 + addr);
    delay_50us();
    send(dat);
    CS = 1;
}
void main()
{
    uchar dat,dbit = 0;
    reset();
    while(1)
    {
        dat = CS(0x0000) & 0x1f;            //读取中断状态
        dbit = dat & 0x10;
        if(dbit = = 0x10)                   //判断每一位的状态
            display(0,1);
        else
            display(0,0);
        dbit = dat & 0x08;
        if(dbit = = 0x08)
            display(1,1);
        else
            display(1,0);
        dbit = dat & 0x04;
        if(dbit = = 0x04)
```

```
            display(2,1);
        else
            display(2,0);
        dbit = dat & 0x02;
        if(dbit = = 0x02)
            display(3,1);
        else
            display(3,0);
        dbit = dat & 0x01;
        if(dbit = = 0x01)
            display(4,1);
        else
            display(4,0);
        delay_50ms();
    }
}
```

运行中断模块测试程序，数码管上会依次显示各个中断源的状态，“0”代表低电平，“1”代表高电平，显示的顺序依次为 197INTA，197INTB，IIC，SPI，KEY。也可以试着按下键盘，观察是否有键盘中断产生。

基础训练 8　双路 ADC——MAX197 模块

MAX197 是 Maxim 公司推出的 8 通道、12 位的高速 A/D 转换芯片。芯片采用单一电源 +5 V 供电，单次转换时间仅为 6 μs，采样速率可达 100 kSa/s。其内部核心部分是一个采用逐次逼近方式的 DAC，前端包括一个用来切换模拟输入通道的多路复用器，以及输入信号调理和过压保护电路。MAX197 内部还有一个 2.5 V 的能隙基准电压源，既可以使用内部参考电压源，也可以使用外部参考电压源。当使用内部参考源时，芯片内部的 2.5 V 基准源经放大后向 REF 提供 4.096 V 参考电平。这时应在 REF 与 AGND 之间接入一个 4.7 μF 电容，在 REFADJ 与 AGND 之间接入一个 0.01 μF 电容。当使用外部参考源时，接至 REF 的外部参考源必须能够提供 400 μA 的直流工作电流，且输出电阻小于 10 Ω。如果参考源噪声较大，应在 REF 端与模拟信号地之间接一个 4.7 μF 电容。模拟量输入通道拥有 ±16.5 V 的过电压保护，即使在关断状态下，保护也有效。

在数字式多功能电量测试中，要求同步采集激励电压、负载电流和它们之间的相位差，有了这三个基本量，就可以通过相关公式计算出 V(电压)、A(电流)、阻抗 Z、W(功率)、$V \cdot A$(视在功率)、var(无功功率)、P_F(功率因数)、A_{pk}(峰值电流)、V_{pk}(峰值电压)、Freq(频率)、A_{cf}(电流波形因数)、V_{cf}(电压波形因数)、fundamentals(基波)、Harmonic Analysis(谐波分析)等。本实验采用信号源作为激励电压，串联阻容为负载，要求通过相关公式计算出输入电压 u、负载电流 i 和它们之间的相位差 ϕ。

双路 ADC——MAX197 模块实物如图 2-1-20 所示，原理图如图 2-1-21 所示。除了输入通道、参考电压需要连线外，其余均已连接好。在平台上，提供了 2.5 V 的参考电源，使用示波器测量 2.5 V REF，看是否是 2.5 V；然后再观察 0～5 V REF，调节电位器，观察电压是否在 0～5 V 范围内可调。

图 2-1-20　双路 ADC——MAX197 实物照片

两片 MAX197 可以进行同步采样，也可以独立工作。当进行同步采样时，首先应使用 MAX197ALL 这个片选信号同时启动两片 MAX197 的相同通道，当 A/D 转换完毕后，使用片选 MAX197A 读取第一片 ADC 的采样结果，然后使用片选 MAX197B 读取第二片 ADC 的采样结果。

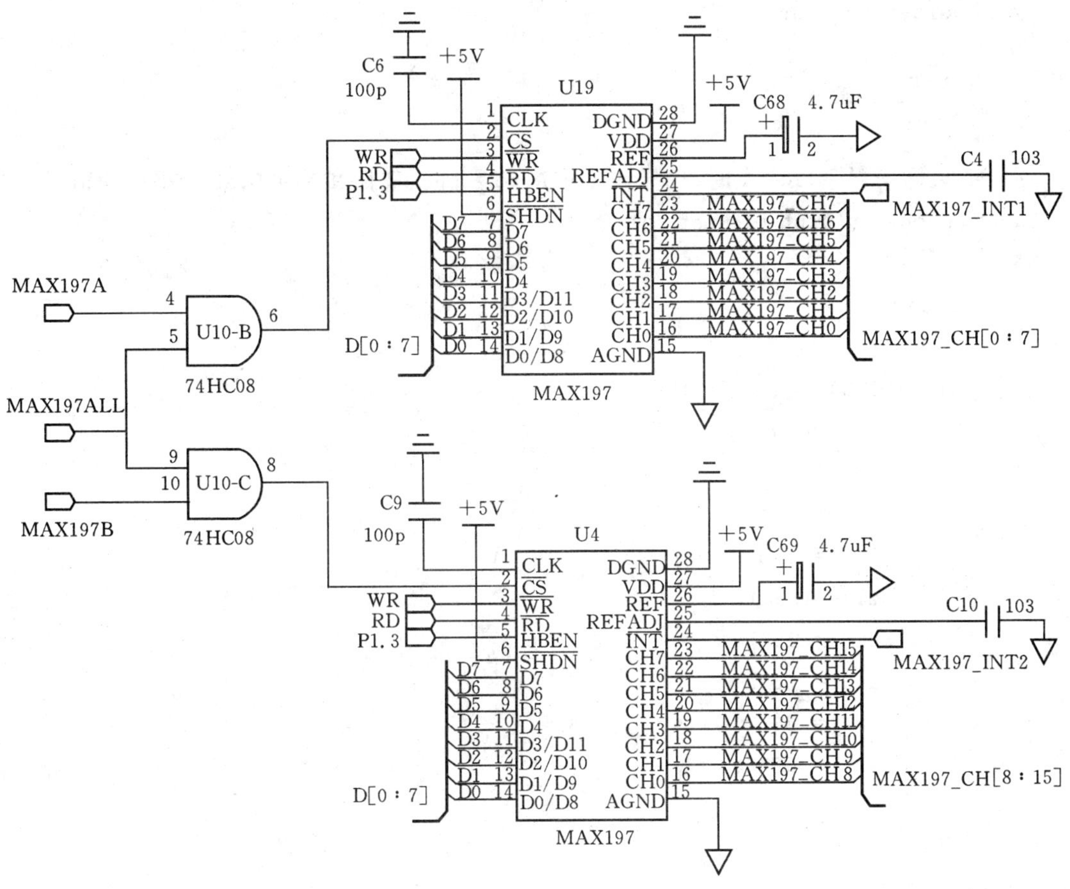

图 2-1-21 双路 ADC——MAX197 原理图

ADC 模块测试

连接 2.5V REF 到两片 MAX197 的通道 0，并在程序里依次启动两个 MAX197 进行采样。因为 MAX197 的 A/D 输入范围设置在 0～5 V，并且为 12 位 ADC，所以对于 2.5 V 参考电压，转换的结果应该在 2048 附近。同时，将转换的结果通过串口发送到 PC 机上，观察转换结果是否在 2048 附近。测试程序代码为：

```
#include <reg52.h>
#include <stdio.h>
#include <absacc.h>
#include <intrins.h>
typedef unsigned char uchar;
typedef unsigned int  uint;
#define CS_A     XBYTE [0x5000]     /* MAX197A 的片选地址 */
#define CS_B     XBYTE [0x4000]     /* MAX197B 的片选地址 */
#define CS_ALL   XBYTE [0x3000]     /* 两片 MAX197 的片选地址 */
sbit  HBEN = P1^3;
/* 延时子程序 */
```

```
void delay(uint time)
{
    while(time - - );
}
/ * AD 采样子程序,id = 1 时,选择 MAX197A,id = 2 时,选择 MAX197B,ch 为采样通道号 * /
uint ADconvert(uint id,uint ch)
{
    uint value;
    uint datH,datL;
    if((ch>8) || (id > 2) || (id < 1))
        return 0xffff;
    if(id = = 1)
    {
        CS_A  =  0x40 | ch;
        delay(1000);
        HBEN  =  1;
        datH  =  CS_A;
        HBEN  =  0;
        datL  =  CS_A;
    }
    else if(id = = 2)
    {
        CS_B = 0x40 | ch;
        delay(1000);
        HBEN  =  1;
        datH  =  CS_B;
        HBEN  =  0;
        datL  =  CS_B;
    }
    datH  &=  0x0f;
    value   = datH * 256 + datL;
    return (value);
}
main()
{
    uint ad;
    SCON = 0X52;
    TMOD = 0X20;
    TH1 = 0XFD;        //波特率为 9600 b/s,晶振 = 11.0592 MHz
```

```
    TR1 = 1;          //采集开始
    while(1)
    {
        ad = ADconvert(1,0); //选择 MAX197A,通道 0
        printf("AD result A  = %d\n",ad);
        ad = ADconvert(2,0); //选择 MAX197B,通道 0
        printf("AD result B  = %d\n",ad);
    }
}
```

打开“串口调试助手”,设置波特率为 9600 b/s,8 位数据,1 位停止位,无校验位,结果如图 2-1-22 所示。

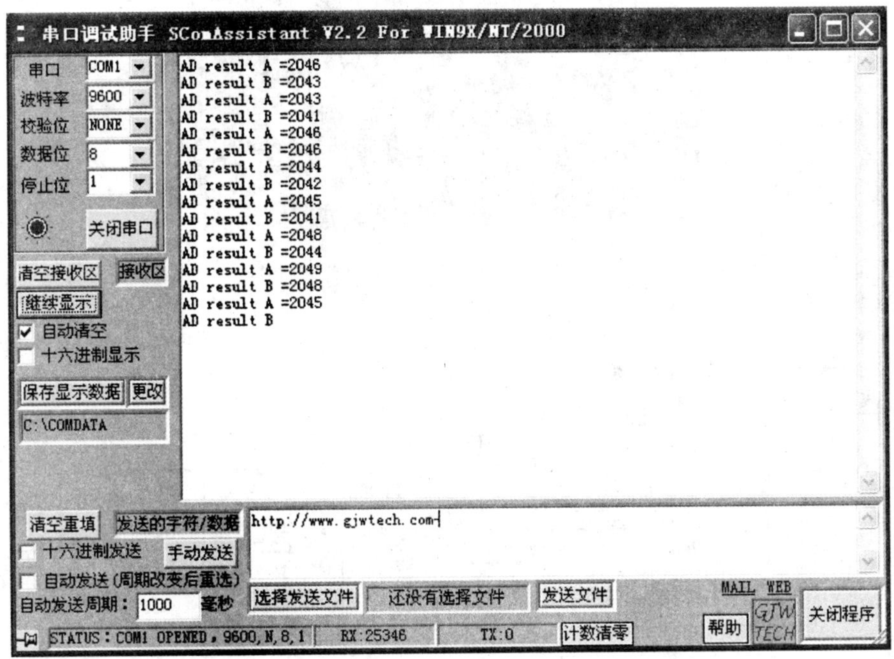

图 2-1-22　串口调试助手

基础训练 9　双路 DAC0832 模块

①调试输出同频率的正弦和余弦波，输出经功率驱动后，常用于需要正交激励源的场合，例如测量位移用的光栅传感器、同步感应器和同步分离法测量阻抗等的激励源。

②调试输出频率和幅度可调的正弦波信号。

双路 DAC0832 模块实物如图 2－1－23 所示，原理图如图 2－1－24 所示。图中，DAC0832 连接成双极性输出模式。

图 2－1－23　双路 DAC0832 实物照片

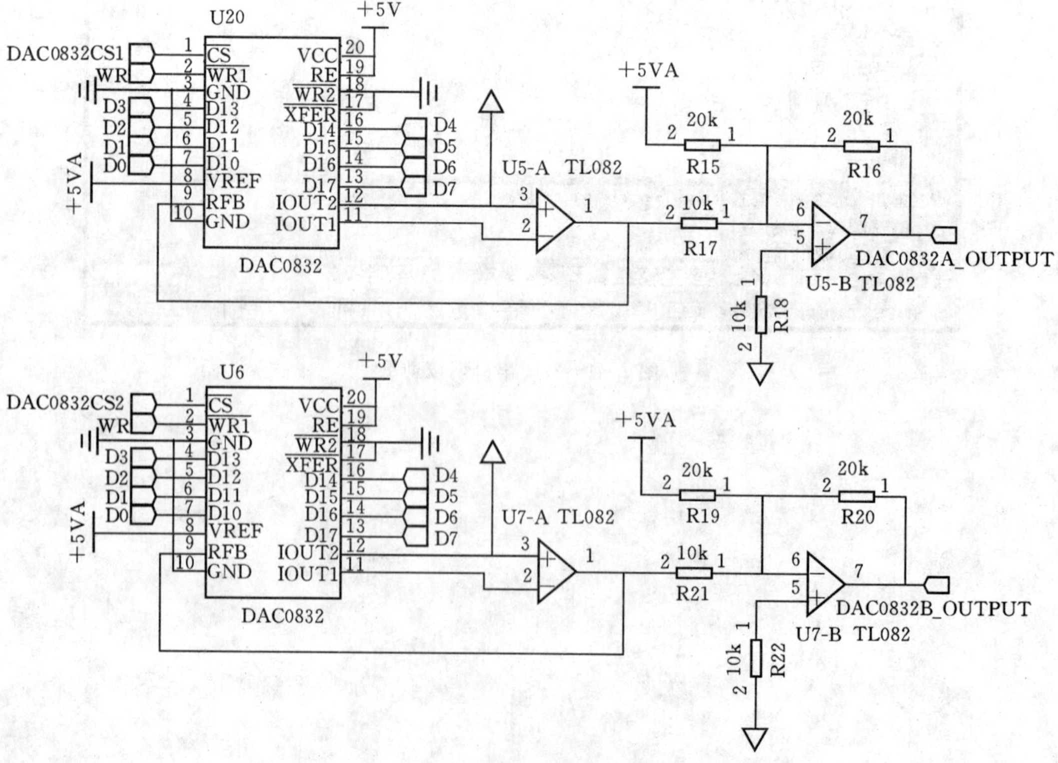

图 2－1－24　双路 DAC0832 原理图

DAC 模块测试

编写能实现双路正交输出的正弦波程序，并用双踪示波器观察验证。测试程序代码为：

```
#include <reg52.h>
#include <stdio.h>
#include <absacc.h>
#include <math.h>

#define fosc          11.0592*2          //晶振频率
#define DA0832_1XBYTE[0x7FFF]
#define DA0832_2XBYTE[0xBFFF]
#define time1         1000               //定时 1000 μs
#define sample        36                 //波形点数

extern serial_initial();

unsigned time1_times;
unsigned char time1_h,time1_l,i;
unsigned char data x[36],y[36];

void main(void)
{
//      unsigned char i;
        time1_times = 65536 - time1 * fosc/12;
        time1_h = (time1_times/256);
        time1_l = (time1_times % 256);
        TMOD = 0X10;
        TH1 = time1_h;TL1 = time1_l;       //高 8 位和低 8 位时间常数
        serial_initial();
        EA = ET1 = TR1 = 1;
        i = 0;
        for (i = 0;i<sample;i++)
            {
                x[i] = 100 * sin(i * 10 * 2 * 3.1415/360) + 128;
                y[i] = 100 * cos(i * 10 * 2 * 3.1415/360) + 128;
//              printf("x[%d] = %d  y[%d] = %d\n",i,x[i],i,y[i]);
            }
        while(1);
}
```

```
void TIME1_int(void) interrupt 3
{
    TH1 = time1_h;TL1 = time1_l;        //高 8 位和低 8 位时间常数
    DA0832_1 = x[i];                    //正弦
    DA0832_2 = y[i];                    //余弦
    i = i + 1;
    if(i> = sample) {i = 0;}
}
```

2.2 拓展训练

实践目的:以器件外部接口性能为主,注重新器件的使用,培养学生自行设计小型应用系统的能力。

使用仪器:计算机、多功能设计训练平台、C-51的编译环境。

实践内容:选择LCD液晶显示模块LCM12864;ADC芯片TLC2543,是TI公司生产的SPI接口的12位11通道ADC;IIC总线时钟芯片PCF8563;液晶的型号为LCM12864;CPLD选Altera EPM7128等内容。

教学方法:在每个模块中,都给出了接口原理图和在训练平台中的实物图片,同时给出了用C-51语言写出的测试程序的源代码。第一步,学生可在学会硬件接口设计的同时,采用简单的测试程序检验硬件设计的正确性;第二步,学生可通过添加部分语句实现模块功能。

拓展训练1 SPI总线接口模块

1. SPI总线原理

串行外围设备接口SPI(Serial Peripheral Interface)总线技术是Motorola公司推出的一种四线同步串行总线接口。允许CPU与各种外围接口器件以串行方式进行通信。外围接口器件包括简单的TTL移位寄存器(用作并行输入或输出)、A/D、D/A转换器、实时时钟(RTO)、存储器及LCD、LED显示驱动器等。SPI系统可直接与各个厂家生产的多种标准SPI外围器件连接。

典型的SPI总线接口使用四条线:串行时钟线(SCK)、主机输入/从机输出数据线MISO、主机输出/从机输入数据线MOSI并附加一低电平有效的从机片选线/CS。采用SPI总线接口可以简化电路设计,节省很多常规电路中的接口器件和I/O口线。

2. SPI总线组成

在大多数应用场合,可使用1个MCU作为主控器,并向1个或几个从外围器件传送数据,从器件只有在主机发命令时才能接收或发送数据,其数据的传输格式是高位(MSB)在前,低位(LSB)在后。SPI总线接口系统的典型结构如图2-2-1所示。

当一个主控机通过SPI与几种不同的串行I/O芯片相连时,必须使用每个芯片的片选,这可通过MCU的I/O端口输出线来实现,片选无效的芯片输出端应处于高阻态,对于无片选的芯片,输出端应加三态门控制。对于输出芯片,只有在此芯片片选有效时,SCK信号脉冲才把串行数据移入该芯片;在片选无效时,SCK对芯片无影响;若没有片选控制端,则应在外围用门电路对SCK信号进行控制,然后再加到芯片的时钟输入端。当只在SPI总线上连接1个芯片时,可省去片选端。

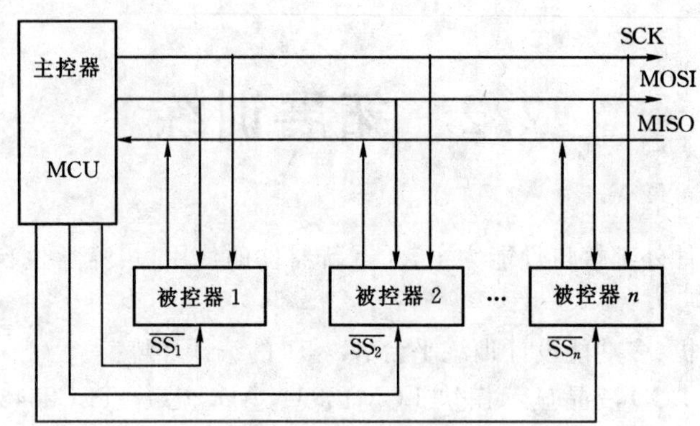

图 2-2-1　SPI 总线构成

3.12 位串行 A/D 芯片 TLC2543 介绍

①TLC2543 是 TI 公司生产的 SPI 接口的 12 位 11 通道 ADC，它具有以下特点：

* 最大线性误差为±1 LSB
* 内部集成跟踪保持电路
* 转换时间 10 μs
* 单电源+5 V 供电
* 芯片内部集成时钟

②TLC2543 的引脚说明见表 2-2-1。

表 2-2-1　TLC2543 的引脚说明

标号	管脚	功能
AIN0～AIN10	1～9,11,12	模拟信号输入
CS	15	片选
MISO	17	串行数据输入
MOSI	16	串行数据输出
EOC	19	转换结束标志
GND	10	地
SCK	18	串行时钟
REF +	14	正参考电压
REF −	13	负参考电压
VCC	20	电源

③TLC2543 的 SPI 总线时序如图 2-2-2 所示，当 CS 为低电平时，在时钟的前四个上升沿，单片机向 MISO 发送下次要采样的通道地址，同时在时钟的上升沿读取上次 A/D 转换的结果。

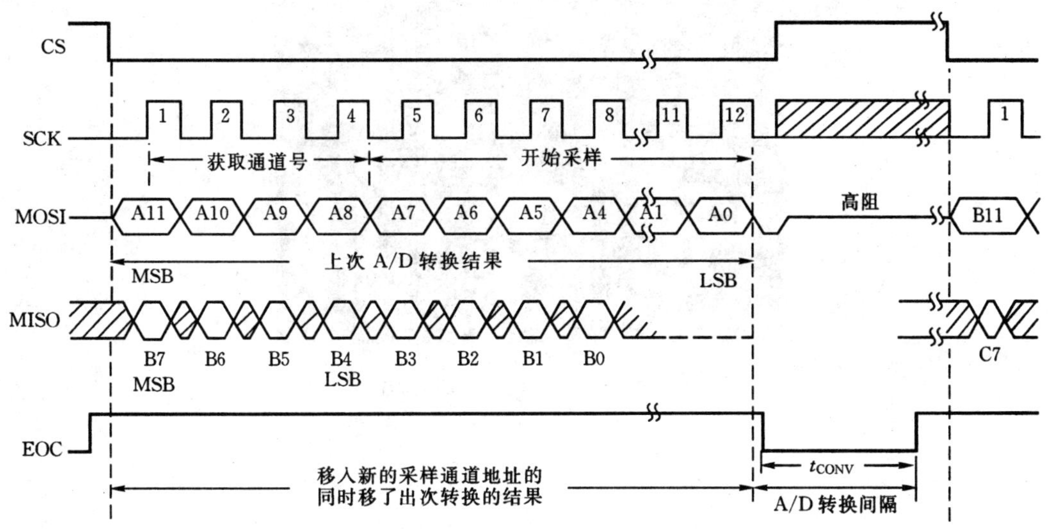

图 2-2-2 TLC2543 总线时序

④ TLC2543 与单片机的接口设计。TLC2543 与单片机的接口电路如图 2-2-3 所示，其中 P1.7 接 SCK,P1.2 接 CS,P1.6 接 MISO,P1.5 接 MOSI。

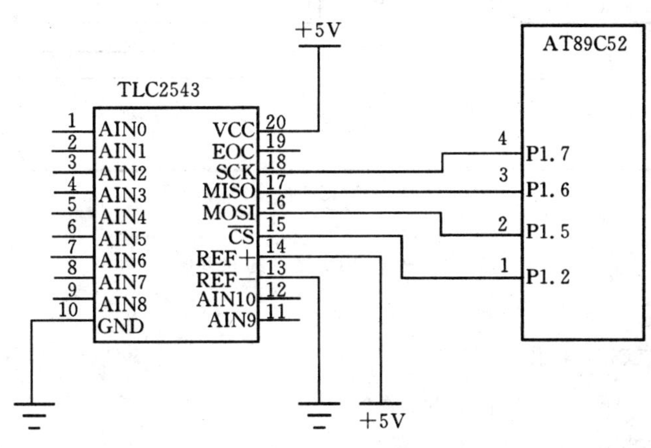

图 2-2-3 TLC2543 与单片机的接口电路

SPI 接口是为典型应用实例训练而设计的，这里以 ADC 芯片 TLC2543 为例，其实物如图 2-2-4 所示，原理图如图 2-2-5 所示。

SPI 模块测试

连接 2.5 V 电压信号到 TLC2543 的通道 0，我们在程序里启动 TLC2543 进行采样，因为 TLC2543 的 A/D 输入范围为 0～5 V，并且为 12 位 A/D 转换器，所以对于 2.5 V，转换的结果应该在 2048 附近，我们把转换的结果通过串口发送到 PC 机上，观察转换结果是否在 2048 附近。测试程序代码为：

图 2-2-4　SPI 接口实物照片

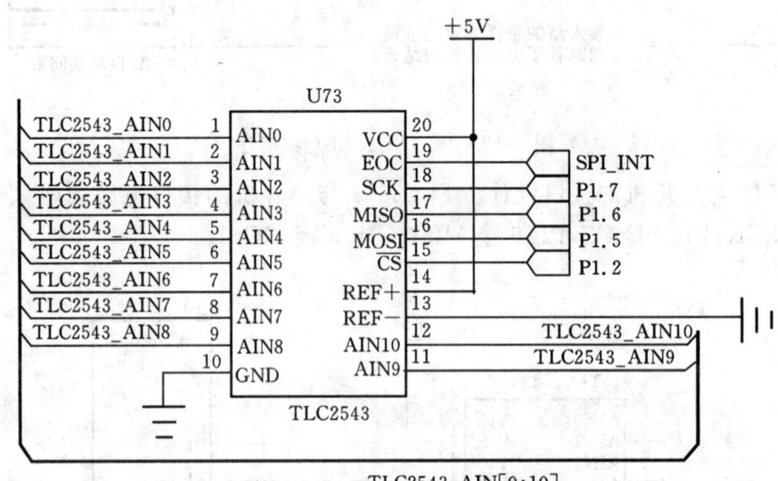

图 2-2-5　SPI 接口的原理图

```
/****************************************
        TLC2543 驱动程序
****************************************/
#include <reg52.h>
#include <stdio.h>
#include <absacc.h>
#include <intrins.h>

/****************************************
      TLC2543 控制引脚宏定义
****************************************/
sbit CLOCK = P1^7; /*2543 时钟*/
sbit D_IN = P1^6; /*2543 输入*/
sbit D_OUT = P1^5; /*2543 输出*/
```

```
sbit _CS = P1^2; /＊2543 片选＊/

#define uint unsigned int
#define uchar unsigned char

/＊＊＊＊＊＊＊＊＊＊＊＊＊＊＊＊＊＊＊＊＊＊＊＊＊＊＊＊＊＊＊＊＊＊＊＊＊＊
  名称:delay
  功能:延时模块
  输入参数:n 要延时的周期数
  输出参数:无
＊＊＊＊＊＊＊＊＊＊＊＊＊＊＊＊＊＊＊＊＊＊＊＊＊＊＊＊＊＊＊＊＊＊＊＊＊＊/
void delay(uchar n)
{
uchar i;
for(i = 0;i<n;i + + )
{
   _nop_();
}
}
/＊＊＊＊＊＊＊＊＊＊＊＊＊＊＊＊＊＊＊＊＊＊＊＊＊＊＊＊＊＊＊＊＊＊＊＊＊＊
  名称:read2543
  功能:TLC2543 驱动模块
  输入参数:port 通道号
  输出参数:ad 转换值
＊＊＊＊＊＊＊＊＊＊＊＊＊＊＊＊＊＊＊＊＊＊＊＊＊＊＊＊＊＊＊＊＊＊＊＊＊＊/
uint read2543(uchar port)
{
uint ad = 0,i;
CLOCK = 0;
_CS = 0;
port<< = 4;
for(i = 0;i<12;i + + )
{
   if(D_OUT)
   {ad| - 0n01;

   }
   D_IN = (bit)(port&0x80);
```

```
    CLOCK = 1;
    delay(3);
    CLOCK = 0;
    delay(3);
    port<<=1;
    ad<<=1;
  }
  _CS = 1;
  ad>>=1;
  return(ad);
  }

/****************************************
   名称:main
   功能:主函数
   输入参数:无
   输出参数:无
 **************************************/
void main()

{uint i,ad;
        SCON = 0X52;
        TMOD = 0X20;
        TH1 = 0XFD;       //波特率为 9600b/s,晶振 = 11.0592MHz
        TR1 = 1;

while(1)
{
   ad = read2543(0);

  printf("result = %d\n",ad);
  for(i = 0;i<1000;i++)
  delay(244);
}
}
```

打开“串口调试助手”,设置波特率为 9600 b/s,8 位数据,1 位停止位,无校验位,结果如图 2-2-6 所示。

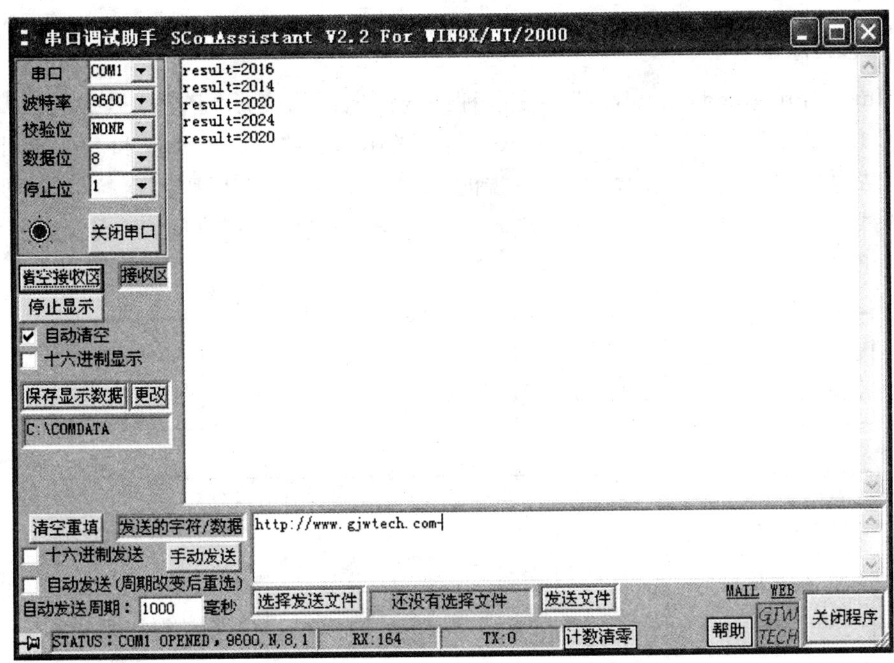

2-2-6 串口调试助手测试 SPI 模块

拓展训练 2　I^2C 总线标准与接口

1. I^2C 总线原理

I^2C(Inter-Integrated Circuit) 总线是一种两线制串行总线，用于连接微控制器及其外围设备。I^2C 总线是由数据线 SDA 和时钟 SCL 构成的串行总线，由于 SDA 和 SCL 输出口是漏极开路门结构，所以在总线上的所有设备端的 SDA 和时钟 SCL 引脚接上拉电阻，便可实现“线与”逻辑，允许多个兼容器件共享构成系统，使 CPU 与被控 IC 之间、IC 与 IC 之间进行双向传送，如图 2-2-7 所示。

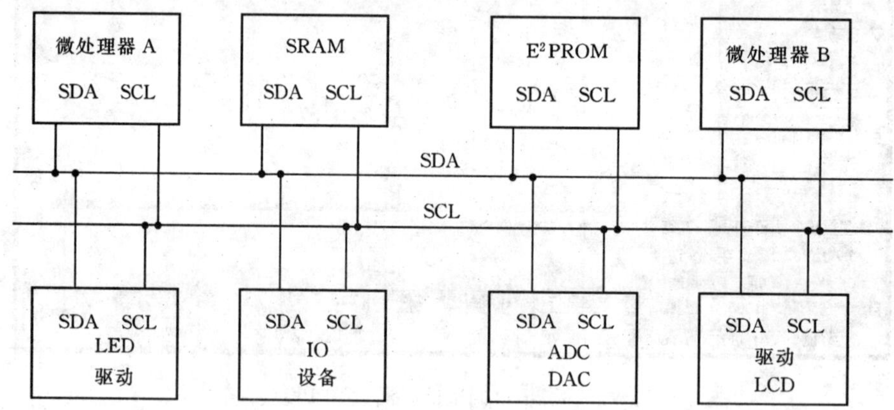

图 2-2-7　I^2C 总线

每个设备的 I^2C 模块都有唯一的地址，使各控制电路虽然挂在同一条总线上，却彼此独立，互不相关。

I^2C 总线协议使用主/从双向通信。器件发送数据到总线上，则定义为发送器；器件接收数据，则定义为接收器。主器件和从器件都可以工作于接收和发送状态。总线必须由主器件(通常为微控制器)控制，主器件产生串行时钟(SCL)控制总线的传输方向，并产生起始和停止条件或总线状态忙。

2. I^2C 总线协议与基本时序

I^2C 总线在传送数据过程中共有三种类型信号，即开始信号、结束信号和应答信号。

开始信号：当 SCL 为高电平，而 SDA 由高电平向低电平跳变，构成一个开始条件。

结束信号：当 SCL 为高电平，而 SDA 由低电平向高电平跳变，构成一个停止条件。

应答信号：数据传输以 8 位由高到低序列进行，芯片在第九个时钟周期时将 SDA 置位为低电平，即送出一个确认信号(Acknowledge Bit)，表示数据已经收到。若未收到应答信号，判断为从单元出现故障。

总线状态闲：SCL 为高电平时，SDA 为高电平。

总线状态忙：SCL 为高电平期间，SDA 状态的跳变被用来表示起始和停止条件，其它仅在 SCL 为低电平期间 SDA 状态才能改变，其基本时序如图 2-2-8 所示。

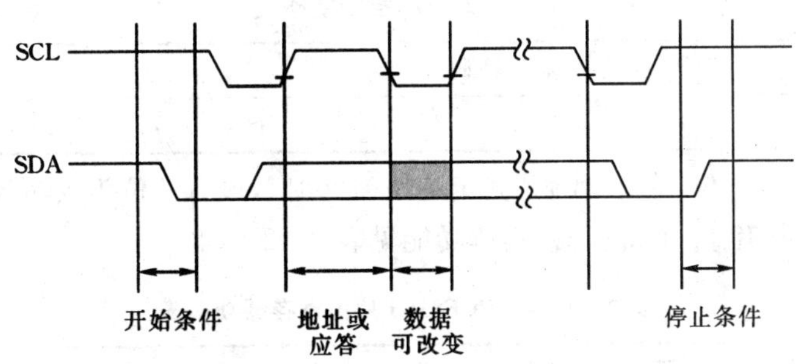

图 2-2-8 I^2C 总线基本时序

3. 时钟芯片 PCF8563 简介

①PCF8563 是 NXP 公司生产的支持 I^2C 总线接口的高精度、低功耗、实时时钟芯片。该芯片有如下特点：

* 可以通过编程设置年、月、日、星期、时、分、秒等信息并自动调整月份以及闰月
* 外接 32.768 kHz 晶振，走时准确
* 供电电压范围 1.0～5.5 V
* 低功耗，3.0 V 供电时仅需要 0.25 μA 电流
* 400 kHz 的两线制 I^2C 总线接口
* 可以为外围设备提供可编程的时钟输出
* 具有报警器和定时器功能
* 具有低电压自检测功能
* 具有内部上电自动复位功能
* 采用 8 引脚 SOP 或 DIP 封装

②芯片管脚与功能见表 2-2-2。

③PCF8563 基本操作。

A. 控制字。当接收器检验到开始条件后，接收到的第 1 个字节必须是接收器件的从地址以及读写控制信息，其中高 7 位是器件类型识别代码(即从地址)；最低位是读/写位，为“1”时进入读取模式，为“0”时，进入写入模式。控制字格式见表 2-2-3。

表 2-2-2 芯片管脚与功能

标号	管脚	功能
OSCI	1	晶振输入
OSCO	2	晶振输出
INT	3	中断输出，低电平有效
VSS	4	地
SDA	5	串行数据输入/输出
SCL	6	串行时钟输入
CLKOUT	7	时钟输出，由于是集电极开路结构，所以必须加上拉电阻
VDD	8	电源 1.0～5.5 V 输入，可以直接由电池供电

表 2-2-3　控制字格式

器件代码							读写控制
1	0	1	0	0	0	1	R/W

其中 PCF8563 高 7 位“器件代码”固定为“1010001”，最后一位为读写控制位。

PCF8563 片内共有 16 个寄存器，具体功能见表 2-2-4。

表 2-2-4　PCF8563 片内寄存器功能表

地址	寄存器名	BIT7	BIT6	BIT5	BIT4	BIT3	BIT2	BIT1	BIT0
00H	控制/状态寄存器 1	TEST1	0	STOP	0	TESTC	0	0	0
01H	控制/状态寄存器 2	0	0	0	TI/TP	AF	TF	AIE	TIE
02H	秒	VL	00 到 59，BCD 码格式						
03H	分	—	00 到 59，BCD 码格式						
04H	时	—	—	00 到 23，BCD 码格式					
05H	日期	—	—	01 到 31，BCD 码格式					
06H	星期	—	—	—	—	—	0 到 6，BCD 码格式		
07H	月/世纪	C	—	—	01 到 12，BCD 码格式				
08H	年	00 到 99，BCD 码格式							
09H	分报警	AE	00 到 59，BCD 码格式						
0AH	时报警	AE	—	00 到 23，BCD 码格式					
0BH	日期报警	AE	—	01 到 31，BCD 码格式					
0CH	星期报警	AE	—	—	—	—	0 到 6，BCD 码格式		
0DH	时钟频率控制寄存器	FE	—	—	—	—	—	FD1	FD0
0EH	定时器控制寄存器	TE	—	—	—	—	—	TD1	TD0
0FH	定时器计数寄存器	定时器计数值							

TEST1：TEST1＝0 时为普通模式，TEST＝1 时为外部时钟测试模式。

STOP：STOP＝0 时，RTC 正常工作，STOP＝1 时，RTC 停止工作。

TESTC：TESTC＝0 时，上电自复位功能被禁止，TESTC＝1 时，上电自复位功能被使能。

VL：VL＝0 时，时钟信息被保存，VL＝1 时，时钟信息不保存。

C：C＝0 时，时间为 21 世纪，C＝1 时，时间为 20 世纪，用户可以自己定义。

注：01H 和 09H～0FH 的功能主要是报警、定时器以及时钟输出频率的控制寄存器，如果使用到此部分寄存器请查阅数据手册。

B. 写数据。向 PCF8563 写入数据的过程如图 2-2-9 所示，首先发送启动信号；再发送从地址‘1010001’，以及读写控制位‘0’；接着再发需要修改的寄存器的地址，这个地址会被保存到寄存器指针中；然后连续发送需要写入的数据，每写入一个寄存器，寄存器指针自动加 1；写完数据后，发送停止信号，结束写操作。

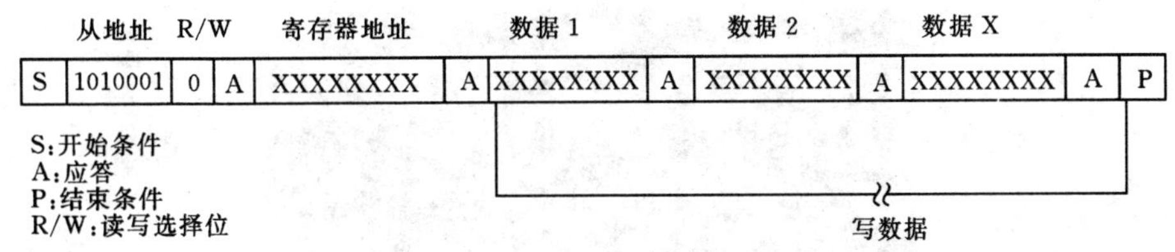

图 2-2-9 写过程示意图

C. 读数据。从 PCF8563 读取数据的过程如图 2-2-10 所示，首先需要把寄存器指针移动到我们需要读出的寄存器上，然后再发送启动信号，接着发送从地址‘1010001’，以及读写控制位‘1’；然后可以直接连续地读取数据，每读取一个数据，寄存器指针会自动加 1，读完数据后，发送停止信号，结束读操作。

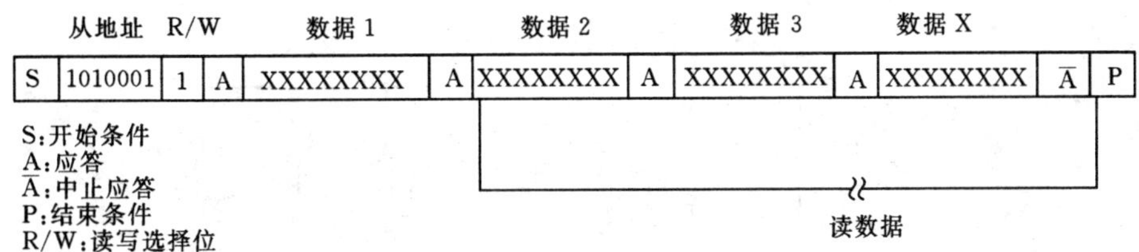

图 2-2-10 读过程示意图

4. 时钟芯片 PCF8563 与单片机接口

时钟芯片 PCF8563 与单片机 AT89C52 接口电路如图 2-2-11 所示，由于单片机没有 I^2C 总线接口，可使用 P1.1、P1.0 口线来模拟 I^2C 总线，其中 SCL 与 P1.0 相连，SDA 与 P1.1 相连。

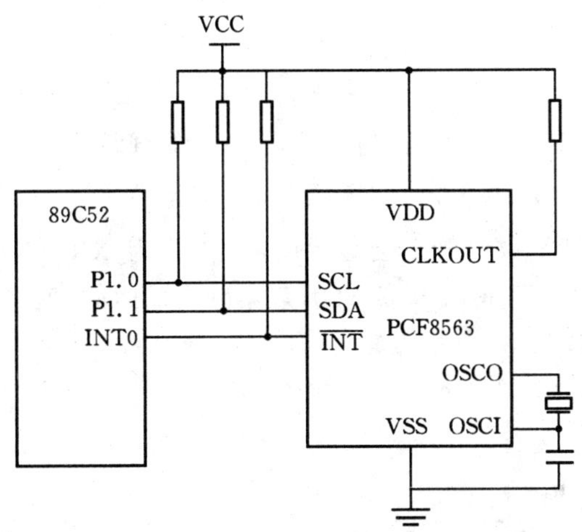

图 2-2-11 PCF8563 与单片机的接口

I^2C 总线接口部分以典型应用为实例、选用时钟芯片 PCF8563 设计了训练，其实物如图 2-2-12 所示，原理图如图 2-2-13 所示。

图 2-2-12　I²C 接口实物照片

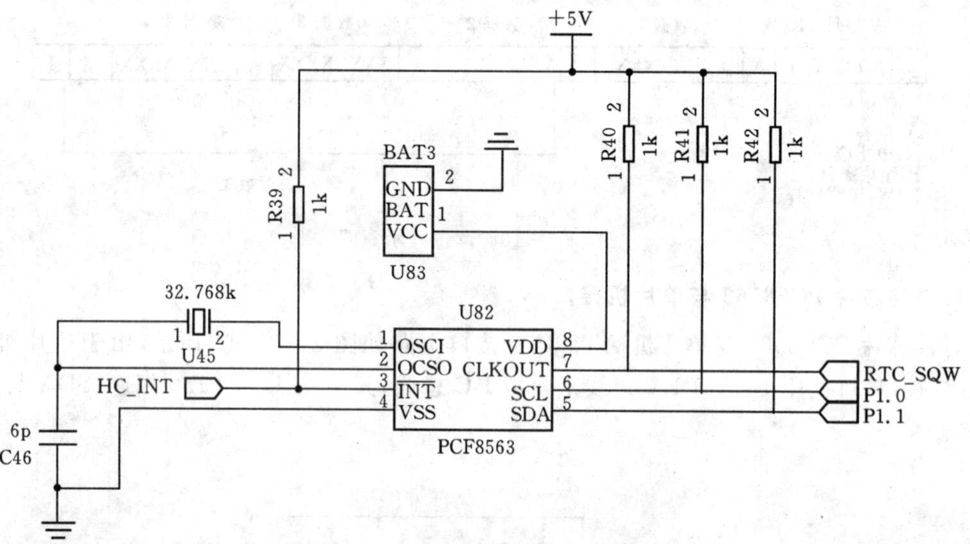

图 2-2-13　I²C 总线接口原理图

I²C 模块测试

运行时钟芯片测试程序，数码管上会显示时间，格式为 XX－XX－XX，即 XX 点 XX 分 XX 秒，我们设置的初始化时间是 07－59－50，观察跑表的时间，看是否能正常运行到 08－00－00。测试程序代码为：

```
#include <reg52.h>
#include <stdio.h>
#include <absacc.h>
#include <intrins.h>
typedef unsigned char uchar;

uchar g8563_Store[4]; /*时间交换区，全局变量声明*/
uchar code c8563_Store[4] = {0x50,0x59,0x07,0x01};
/*写入时间初值：星期一 07:59:50*/
```

```
sbit CS = P1^4;
sbit CLK = P1^7;
sbit DIO = P1^6;
sbit KEY = P3^2;

sbit SDA = P1^1;     // pcf8563 数据
sbit SCL = P1^0;     // pcf8563 时钟

bdata uchar com_data;
sbit mos_bit = com_data^7;
sbit low_bit = com_data^0;
void delay_50us()
{
     uchar i;
     for (i = 0; i<6; i + + ){;}
}

void delay_8us()
{
     uchar i;
     for (i = 0; i<1; i + + ){;}
}
void delay_50ms()
{
     uchar i,j;
     for(j = 0;j<50;j + + )
         for(i = 0;i<125;i + + ){;}
}
void send(uchar sebuf)
{
     uchar i;
     com_data = sebuf;
     CLK = 0;
     CS = 0;
     delay_50us();
     for(i = 0;i<8;i + + )
     {
```

```
            delay_8us();
            DIO = mos_bit;
            CLK = 1;
            delay_8us();
            com_data = com_data<<1;
            CLK = 0;
        }
        DIO = 0;
}
uchar receive(void)
{
        uchar i,rebuf;
        CLK = 1;
        delay_50us();
        for(i = 0;i<8;i + +)
        {
            com_data = com_data<<1;
            low_bit = DIO;
            CLK = 1;
            delay_8us();
            CLK = 0;
            delay_8us();
        }
        rebuf = com_data;
        DIO  = 1;
        CS = 1;
        return rebuf;
}
void reset(void)
{
        DIO = 1;
        delay_50ms();
        send(0xa4);
        CS = 1;
}
/*  7289 显示程序，addr 为显示位置,范围 0~7，dat 为显示内容 */
void display(uchar addr,uchar dat)
{
        if(addr<0 || addr >7)
```

```
        return;
    send(0xc8 + addr);
    delay_50us();
    send(dat);
    CS = 1;
}
/*发送双字节命令*/
void sendcommand(uchar addr,uchar dat)
{
    send(addr);
    delay_50us();
    send(dat);
    CS = 1;
}
/*内部函数,延时1*/
void Delay()
{
    //{P10 = 1;_nop_();P10 = 0;}
    _nop_();
    _nop_();        /*根据晶振频率制定延时时间*/
}
/*内部函数,IIC开始*/
void Start()
{
    EA = 0;
    SDA = 1;
    SCL = 1;
    Delay();
    SDA = 0;
    Delay();
    SCL = 0;
}
/*内部函数,IIC结束*/
void Stop()
{
    SDA = 0;
    SCL = 0;
    Delay();
    SCL = 1;
```

```
    Delay();
    SDA = 1;
    Delay();
    EA = 1;
}
/ * 内部函数,输出 ACK ,每个字节传输完成,输出 ack = 0,结束读数据,ack = 1 * /
void WriteACK(uchar ack)
{
    SDA = ack;
    Delay();
    SCL = 1;
    Delay();
    SCL = 0;
}
/ * 内部函数,等待 ACK * /
void WaitACK()
{
    uchar errtime = 20;
    SDA = 1;
    Delay(); / * 读 ACK * /
    SCL = 1;
    Delay();
    while(SDA)
    {  errtime - - ;
       if(! errtime) stop();
    }
    SCL = 0;
    Delay();

}
/ * 内部函数,输出数据字节,入口:B = 数据 * /
void writebyte(uchar wdata)
{
    uchar i;
    for(i = 0;i<8;i + + )
    {
        if(wdata&0x80) SDA = 1;
        else SDA = 0;
        wdata<< = 1;
```

```
        SCL = 1;
        Delay();
        SCL = 0;
    }
    WaitACK();      //IIC 器件或通信出错,将会退出 IIC 通信
}
/ * 内部函数,输入数据,出口:B * /
uchar Readbyte()
{
    uchar i,bytedata;
    SDA = 1;
    for(i = 0;i<8;i + + )
    {
        SCL = 1;
        bytedata<< = 1;
        bytedata| = SDA;
        SCL = 0;
        Delay();
    }
    return(bytedata);
}

/ * 输出数据 - >pcf8563 * /
void writeData(uchar address,uchar mdata)
{
    Start();
    writebyte(0xa2); / * 写命令 * /
    writebyte(address); / * 写地址 * /
    writebyte(mdata); / * 写数据 * /
    Stop();
}

/ * 输入数据< - pcf8563 * /
uchar ReadData(uchar address) / * 单字节 * /
{
    uchar rdata;
    Start();
    writebyte(0xa2); / * 写命令 * /
    writebyte(address); / * 写地址 * /
```

```
    Start();
    writebyte(0xa3); /*读命令*/
    rdata = Readbyte();
    WriteACK(1);
    Stop();
    return(rdata);
}

void ReadData1(uchar address,uchar count,uchar * buff)      /*多字节*/
{
    uchar i;
    Start();
    writebyte(0xa2); /*写命令*/
    writebyte(address); /*写地址*/
    Start();
    writebyte(0xa3); /*读命令*/
    for(i = 0;i<count;i + + )
    {
        buff[i] = Readbyte();
        if(i<count - 1) WriteACK(0);
    }
    WriteACK(1);
    Stop();
}

/*内部函数,读入时间到内部缓冲区*/
void P8563_Read()
{
    uchar time[7];
    ReadData1(0x02,0x07,time);
    g8563_Store[0] = time[0]&0x7f; /*秒*/
    g8563_Store[1] = time[1]&0x7f; /*分*/
    g8563_Store[2] = time[2]&0x3f; /*小时*/
    g8563_Store[3] = time[4]&0x07; /*星期*/
}

/*读入时间到内部缓冲区——外部调用 */
void P8563_gettime()
{
```

```
    P8563_Read();
    if(g8563_Store[0] = = 0)
        P8563_Read();       /* 如果为秒 = 0,为防止时间变化,再读一次 */
}

/* 写时间修改值 */
void P8563_settime()
{
    uchar i;
    for(i = 2;i< = 4;i + + ) { writeData(i,g8563_Store[i - 2]); }
    writeData(6,g8563_Store[3]);
}

/* P8563 的初始化 - - - - - 外部调用 */
void P8563_init()
{
    uchar i;
    for(i = 0;i< = 3;i + + ) g8563_Store[i] = c8563_Store[i];   /* 初始化时间 */
    P8563_settime();
    writeData(0x0,0x00);
    writeData(0xa,0x8);    /* 8:00 报警 */
    writeData(0x1,0x12);   /* 报警有效 */
    writeData(0xd,0xf0);
}

main()
{
    reset();
    P8563_init();
    while(1)
    {
        P8563_Read();
        display(0,g8563_Store[2] >> 4);
        display(1,g8563_Store[2] &  0x0f);
        sendcommand(0x82,0x0a);
        display(3,g8563_Store[1] >> 4);
        display(4,g8563_Store[1] &  0x0f);
        sendcommand(0x85,0x0a);
        display(6,g8563_Store[0] >> 4);
```

```
        display(7,g8563_Store[0] &  0x0f);
    }
}
```

选用时钟芯片 PCF8563,实现日历显示屏的设计。

①要求实时显示年、月、日、时、分、秒。

②采样红外遥控器置入当天的天气预报。

③程序的添加或修改。

④报告要求:介绍设计思想,画出程序流程图,列出程序清单并附有必要的注释,说明在调试中所出现的问题是如何解决的。

拓展训练 3 LCD 液晶显示模块

液晶的型号为 LCM12864，其实物如图 2-2-14 所示，接口原理如图 2-2-15 所示，其中电位器 R46 用于背光调节。

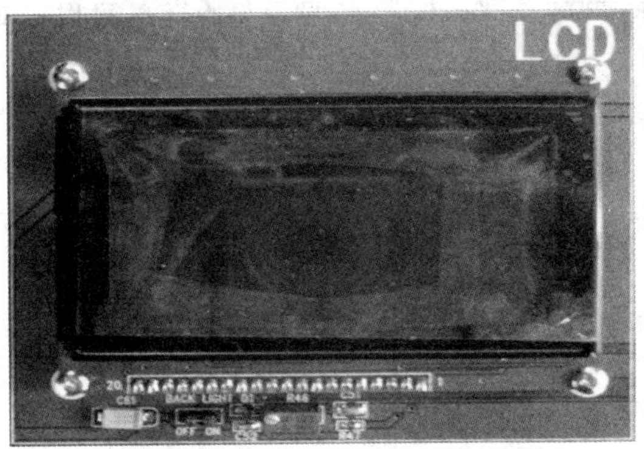

图 2-2-14 LCD 液晶显示接口

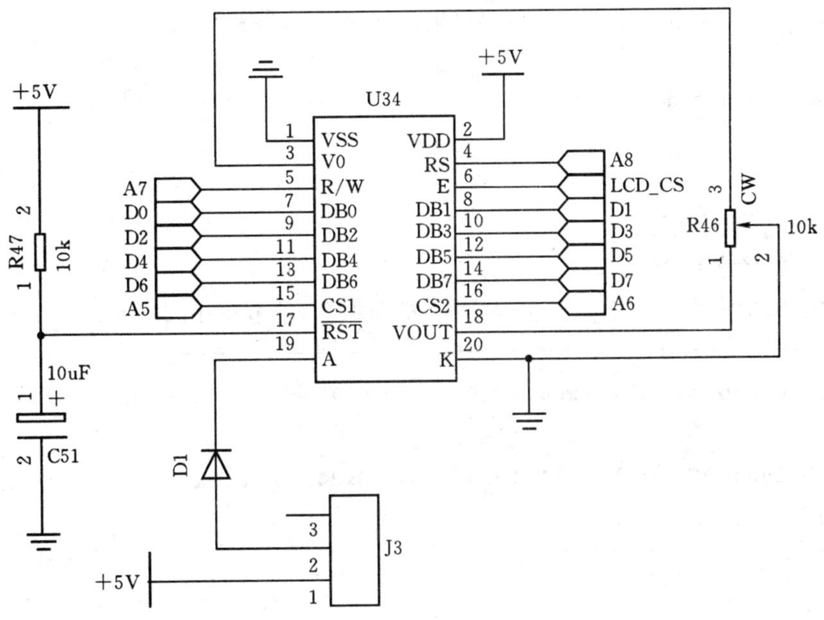

图 2-2-15 LCD 液晶显示接口原理图

测试程序

运行 LCD 测试程序，测试程序的功能是显示一行汉字“西安交通大学”和两行英文字符串“ABCDEFGHIJKLM”“NOPQRSTUVWXYZ”。

```
#include "reg51.h"
#include "absacc.h"
#include "stdio.h"
```

```
typedef unsigned char uint8;
typedef unsigned int  uint16;
typedef long unsigned int   uint32;

#define  LCM_DISPON       0x3f  /* 打开 LCM 显示               */
#define  LCM_STARTROW     0xc0  /* 显示起始行 0,可以用 LCM_STARTROW + x 设置起始行。(x<64)        */
#define  LCM_ADDRSTRX     0xb8  /* 页起始地址,可以用 LCM_ADDRSTRX + x 设置当前页(即 X)。(x<8)   */
#define  LCM_ADDRSTRY     0x40  /* 列起始地址,可以用 LCM_ADDRSTRY + x 设置当前列(即 Y)。(x<64)   */
#define  LcdComA     XBYTE[0x6220]     /* 左半屏控制端口 */
#define  LcdComB     XBYTE[0x6240]     /* 右半屏控制端口 */
#define  LcdComAll   XBYTE[0x6260]     /* 全屏控制端口   */
#define  LcdWDataA   XBYTE[0x6320]     /* 左半屏数据端口 */
#define  LcdWDataB   XBYTE[0x6340]     /* 右半屏数据端口 */
#define  LcdDataAll  XBYTE[0x6360]     /* 全屏数据端口   */

unsigned char code XI[] =
{
/* ------------------------------------------------
  源文件 / 文字 : 西
  宽×高(像素): 16×16
  字模格式/大小 : 单色点阵液晶字模,横向取模,字节正序/32 字节
------------------------------------------------*/
0x00,0x00,0x04,0x00,0x04,0x00,0xE4,0x7F,0x24,0x28,0x24,0x24,0xFC,0x23,0x24,0x20,
0x24,0x20,0xFC,0x23,0x24,0x24,0x24,0x24,0x24,0x24,0xE6,0x7F,0x04,0x00,0x00,0x00
};

unsigned char code AN[] =
{
/* ------------------------------------------------
源文件 / 文字 : 安
宽×高(像素): 16×16
字模格式/大小 : 单色点阵液晶字模,横向取模,字节正序/32 字节
------------------------------------------------*/
0x00,0x00,0x80,0x00,0xA0,0x40,0x98,0x40,0x88,0x40,0x88,0x26,0x88,0x25,
```

```
0xEA,0x18,
    0x8C, 0x08, 0x88, 0x0C, 0x88, 0x13, 0x88, 0x10, 0xA8, 0x20, 0x98, 0x60, 0x80, 0x00,
0x00,0x00
    };

    unsigned char code JIAO[] =
    {
    /* -------------------------------------------------------
      源文件 / 文字 ：交
      宽×高(像素)：16×16
      字模格式/大小 ：单色点阵液晶字模,横向取模,字节正序/32 字节
    -------------------------------------------------------*/
    0x00, 0x00, 0x08, 0x00, 0x08, 0x41, 0x88, 0x40, 0x48, 0x40, 0xA8, 0x21, 0x08, 0x22,
0x0A,0x14,
    0x0C, 0x08, 0x08, 0x16, 0x88, 0x21, 0x28, 0x20, 0x48, 0x40, 0x8C, 0x40, 0x08, 0x40,
0x00,0x00
    };

    unsigned char code TONG[] =
    {
    /* -------------------------------------------------------
      源文件 / 文字 ：通
      宽×高(像素)：16×16
      字模格式/大小 ：单色点阵液晶字模,横向取模,字节正序/32 字节
    -------------------------------------------------------*/
    0x00, 0x00, 0x40, 0x20, 0x42, 0x10, 0xCC, 0x0F, 0x00, 0x10, 0x00, 0x20, 0xF4, 0x5F,
0x54,0x42,
    0x5C, 0x42, 0xF4, 0x5F, 0x5C, 0x42, 0x56, 0x52, 0xF4, 0x5F, 0x00, 0x40, 0x00, 0x40,
0x00,0x00
    };

    unsigned char code DA[] =
    {
    /* -------------------------------------------------------
      源文件 / 文字 ：大
      宽×高(像素)：16×16
      字模格式/大小 ：单色点阵液晶字模,横向取模,字节正序/32 字节
    -------------------------------------------------------*/
    0x00, 0x00, 0x20, 0x40, 0x20, 0x40, 0x20, 0x20, 0x20, 0x10, 0x20, 0x08, 0x20, 0x06,
```

```
0xFE,0x01,
    0x20,0x02,0x20,0x04,0x20,0x08,0x20,0x10,0x20,0x20,0x30,0x60,0x20,0x20,
0x00,0x00
    };

    unsigned char code XUE[] =
    {
    /*--------------------------------------------------------
      源文件 / 文字 : 学
      宽×高(像素): 16×16
      字模格式/大小 : 单色点阵液晶字模,横向取模,字节正序/32 字节
    --------------------------------------------------------*/
    0x00,0x00,0x40,0x04,0x30,0x04,0x10,0x04,0x52,0x04,0x5C,0x04,0x50,0x24,
0x52,0x44,
    0x5C,0x3F,0x50,0x05,0xD8,0x04,0x56,0x04,0x10,0x04,0x50,0x06,0x30,0x04,
0x00,0x00
    };

    unsigned char code FONT8x8ASCII[][8] = {
    /*   A   */
        {0x00,0x80,0xF8,0x27,0x3C,0xE0,0x80,0x00}
    /*   B   */
        ,{0x00,0x81,0xFF,0x89,0x89,0x76,0x00,0x00}
    /*   C   */
        ,{0x00,0x7E,0x81,0x81,0x81,0x43,0x00,0x00}
    /*   D   */
        ,{0x00,0x81,0xFF,0x81,0x81,0x7E,0x00,0x00}
    /*   E   */
        ,{0x00,0x81,0xFF,0x89,0x9D,0xC3,0x00,0x00}
    /*   F   */
        ,{0x00,0x81,0xFF,0x89,0x1D,0x03,0x00,0x00}
    /*   G   */
        ,{0x00,0x3C,0x42,0x81,0x91,0x73,0x10,0x00}
    /*   H   */
        ,{0x00,0x81,0xFF,0x08,0x08,0xFF,0x81,0x00}
    /*   I   */
        ,{0x00,0x81,0x81,0xFF,0x81,0x81,0x00,0x00}
    /*   J   */
        ,{0x00,0xC0,0x81,0x81,0xFF,0x01,0x01,0x00}
```

```
/*      K      */
    ,{0x00,0x81,0xFF,0x89,0x34,0xC3,0x81,0x00}
/*      L      */
    ,{0x00,0x81,0xFF,0x81,0x80,0x80,0xC0,0x00}
/*      M      */
    ,{0x00,0xFF,0x0F,0xF0,0x0F,0xFF,0x00,0x00}
/*      N      */
    ,{0x00,0x81,0xFF,0x8C,0x31,0xFF,0x01,0x00}
/*      O      */
    ,{0x00,0x7E,0x81,0x81,0x81,0x7E,0x00,0x00}
/*      P      */
    ,{0x00,0x81,0xFF,0x89,0x09,0x06,0x00,0x00}
/*      Q      */
    ,{0x00,0x3E,0x51,0x51,0xE1,0xBE,0x00,0x00}
/*      R      */
    ,{0x00,0x81,0xFF,0x89,0x19,0xE6,0x80,0x00}
/*      S      */
    ,{0x00,0xC6,0x89,0x91,0x91,0x63,0x00,0x00}
/*      T      */
    ,{0x00,0x03,0x81,0xFF,0x81,0x03,0x00,0x00}
/*      U      */
    ,{0x00,0x01,0x7F,0x80,0x80,0x7F,0x01,0x00}
/*      V      */
    ,{0x00,0x01,0x1F,0xE0,0x38,0x07,0x01,0x00}
/*      W      */
    ,{0x00,0x07,0xF8,0x0F,0xF8,0x07,0x00,0x00}
/*      X      */
    ,{0x00,0x81,0xE7,0x18,0xE7,0x81,0x00,0x00}
/*      Y      */
    ,{0x00,0x01,0x87,0xF8,0x87,0x01,0x00,0x00}
/*      Z      */
    ,{0x00,0x83,0xE1,0x99,0x87,0xC1,0x00,0x00}
};

/*延时子程序*/
void delay(uint16 time)
{
   while(time--);
}
```

```
/*液晶初始化*/
void LCM_DispIni(void)
{
    LcdComAll = LCM_DISPON;
    delay(50);
    LcdComAll = LCM_STARTROW;
    delay(50);
    LcdComAll = LCM_ADDRSTRX;
    delay(50);
    LcdComAll = LCM_ADDRSTRY;
    delay(50);
}
/*全屏填充*/
void LCM_DispFill(uint8 filldata)
{
    uint8 x,y;
    LcdComAll = LCM_STARTROW;
    delay(50);
    for(x=0;x<8;x++)
    {
        LcdComAll = LCM_ADDRSTRX + x;
        delay(50);
        LcdComAll = LCM_ADDRSTRY;
        delay(50);
        for(y=0;y<64;y++)
        {
            LcdDataAll = filldata;
            delay(50);
        }
    }
}

void LCD_init(void)
{
    LCM_DispIni();
    LCM_DispFill(0x00);
}
/*向x,y坐标写入数据wrdata*/
```

```
void LCM_WriteByte(uint8 x,uint8 y,uint8 wrdata)
{
    x = x & 0x7f;
    y = y & 0x3f;
    y = y >> 3;
    if(x<64)
    {
        LcdComA   = LCM_ADDRSTRY + x;
        delay(50);
        LcdComA   = LCM_ADDRSTRX + y;
        delay(50);
        LcdWDataA = wrdata;
        delay(50);
    }
    else
    {
        x = x - 64;
        LcdComB   = LCM_ADDRSTRY + x;
        delay(50);
        LcdComB   = LCM_ADDRSTRX + y;
        delay(50);
        LcdWDataB = wrdata;
        delay(50);
    }
}
/*在x,y坐标处显示汉字(16X16)*/
void PutChinese(uint8 x,uint8 y,uint8 *dat)
{
    uint8 i;
    for(i=0;i<16;i++)
    {
        LCM_WriteByte(x+i,y,*(dat++));
        LCM_WriteByte(x+i,y+8,*(dat++));
    }
}
/*在x,y坐标处显示字符(8X8)*/
void PutChar(uint8 x,uint8 y,uint8 ch)
{
    uint8 i;
```

```
    ch -= 0x41;
    for(i=0;i<8;i++)
    {
        LCM_WriteByte(x+i,y,FONT8x8ASCII[ch][i]);
    }
}
/* 在x,y坐标处显示字符串(8X8) */
void PutStr(uint8 x,uint8 y,uint8 *str)
{
    while(1)
    {
        if( (*str)=='\0' ) break;
        PutChar(x, y, *str++);
        x += 8;  // 下一个字符显示位置,y不变(即不换行)
        if(x>=128)
            break;
    }
}
main()
{
    LCD_init();
    PutChinese(16,0,XI);
    PutChinese(32,0,AN);
    PutChinese(48,0,JIAO);
    PutChinese(64,0,TONG);
    PutChinese(80,0,DA);
    PutChinese(96,0,XUE);
    PutStr(12,16,"ABCDEFGHIJKLM");
    PutStr(12,32,"NOPQRSTUVWXYZ");
    while(1);
}
```

创新要求：

①实现一个正弦波的输出显示，要求能按照信号输入的大小自动调整显示比例。

②设计一个简单的动画显示。

③报告要求：介绍设计思想，画出程序流程图，列出程序清单并附有必要的注释，说明在调试中所出现的问题是如何解决的。

拓展训练 4　打印机模块

在单片机应用系统中，常用打印机打印数据、表格、字符和曲线等，常用的微型打印机有 TPuP-16A/40A 和 LASER-PP40 等，而 SP 系列打印机的打印控制码是在参考 IBM 和 EPSON 打印机的基础上设计的，因此，它能够和大多数打印机兼容。

1. 迅普 SP 系列打印机

迅普 SP 系列打印机采用与 CENTRONICS 标准兼容的并行接口，接口插座为 26 针扁平电缆插座。插座的引脚编号如图 2-2-16 所示，引脚的定义见表 2-2-5，并行接口控制脉冲的时间顺序见图 2-2-17。

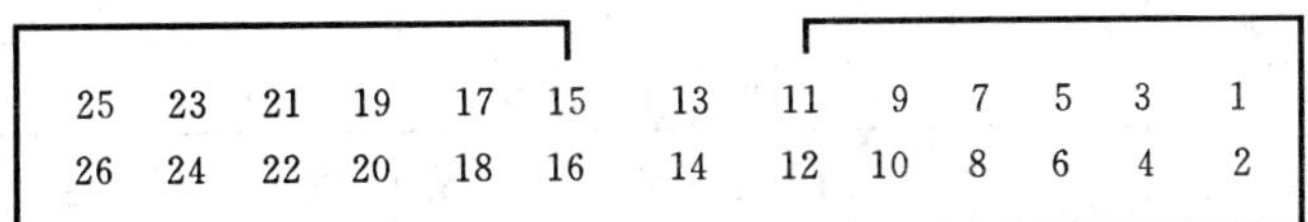

图 2-2-16　引脚编号

表 2-2-5　并行接口插座引脚定义

引脚号	信号	方向	说明
21	BUSY	输出	“高”表示打印机正忙
1	/STB	输入	数据选通触发脉冲，上升沿时读入数据
3,5,7,9,11,13,15,17	D0,D1～D7	输入	并行数据 DB 总线信息，TTL 电平

注：①表中方向栏内“输入”表示打印机接收信号；“输出”表示打印机输出信号。

②部分引脚定义未列出，读者可查询相关资料。

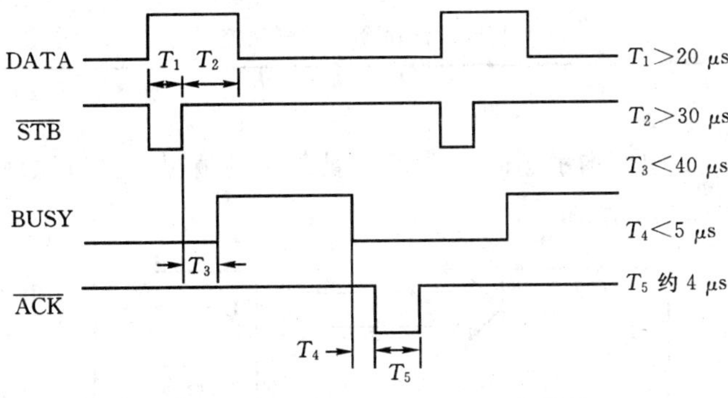

图 2-2-17　并行接口控制时序图

打印机在 STB 的上升沿锁存数据，BUSY 为高电平时，打印机处在工作状态，打印机此时不接收任何数据，当打印机由忙状态转换到空闲状态时，向外发送一个应答信号 ACK，以通知控制器上次数据已处理完毕。在我们的实际设计中，并没有使用 BUSY 和 ACK 两个信号，而是在程序中加入足够的延时来保证打印机正常工作。

2. 打印机控制字

SP 系列打印机提供了 40 条打印命令。这些命令规定了打印机的功能，如选择字符类别和字符集、定义格式、放大或缩小字符、打印汉字、打印点阵图形和定义字符等。打印命令是由一字节控制码或 ESC 控制码序列组成。字节控制码用十进制或十六进制数字序列表示，ESC 控制码是以“ESC”码开头，后跟其它字符码。

SP 系列打印机的 40 条打印命令，是按照 ASCII 格式给出，见表 2-2-6。

表 2-2-6 常用打印机命令

名称	格式 ASCII	代码(H)	功能
进入汉字打印	FS &	1C 26	将 5×7 点阵 ASCII 字符转到 16×16 汉字打印状态。代码是 2 字节对应一个汉字的标准机内码
退出汉字打印	FS	1C 2E	将汉字打印状态换到 5×7 点阵 ASCII 字符打印。可实现汉字与 ASCII 字符同行混合打印
换行	LF	0A	打印机向前走一个字符行
n 点行走纸	ESC J n	1B 4A n	向前走 *n* 点行，*n* 值范围是 1～255。这个命令不包含回车换行，也不影响后面的换行命令
n 点行间距	ESC I n	1B 49 n	*n* 值是 0～255 之间，在用 ESC/K 命令打印点阵图形时，通常设置 *n*=0。文本打印时通常设置 *n*=3
换页	FF	OC	打印纸走到下一页的开始位置
初始化命令	ESC @	1B 40	清除打印缓冲区，恢复默认值，选择字符集，删除用户定义字符
回车	CR	0D	缓冲区中的所有字符或汉字都将被打印出来，而且向前走一行
删除一行	CAN	18	删除该命令码之前打印缓冲区内的所有文本，回到上一个回车码。它不删除该行内的任何控制码
删除一字节	DEL	7F	删除在该命令码打印缓冲区内的一个字符，除非这个字符已被打印。该命令不会删除控制码

3. 接口电路

接口电路见图 2-2-18(本示例适用于/WR 被复用的情况)，接口原理如图 2-2-19 所示，其实物如图 2-2-20 所示。

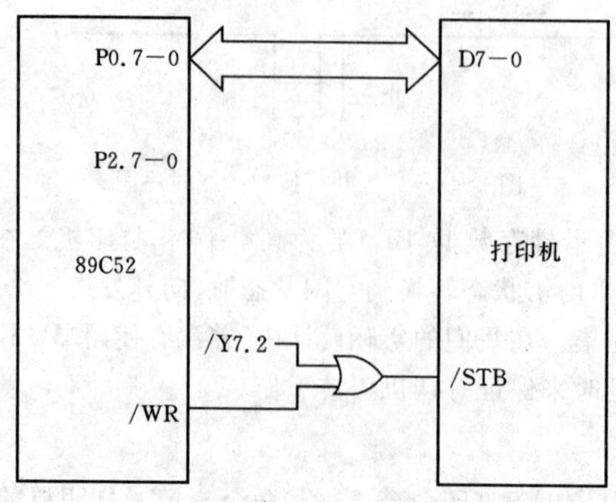

图 2-2-18 89C52 与 SP 型打印机接口电路

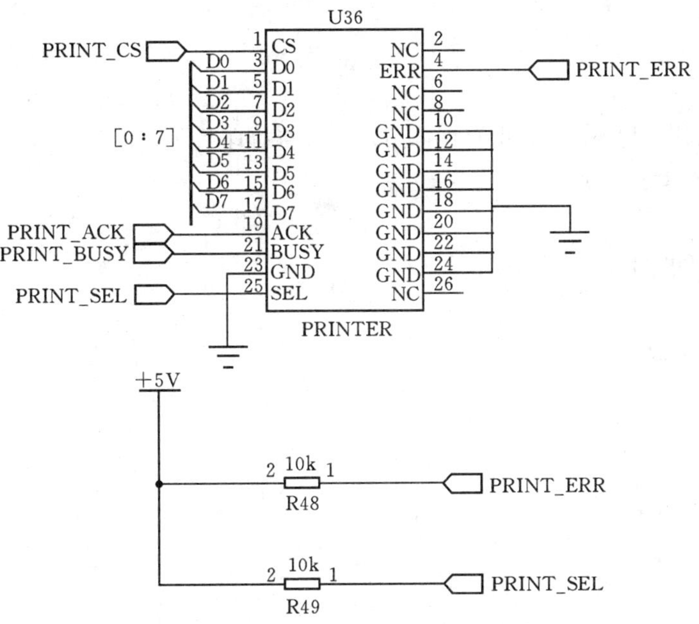

图 2-2-19 打印机接口原理图

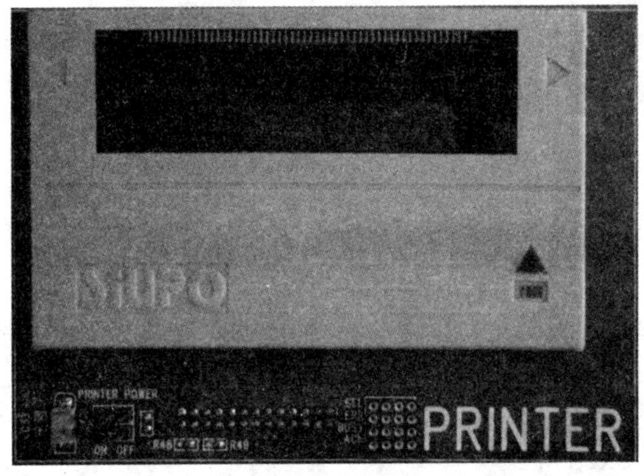

图 2-2-20 打印机接口实物照片

打印机测试

运行打印机测试程序，打印机会打印出一行汉字“西安交通大学城市学院”和一行英文“SIUPO MICRO-PRINTER TEST”。测试程序代码为：

```
#include <reg52.h>
#include <stdio.h>
#include <absacc.h>
#define PRINTER XBYTE[0X6200]
#define uchar unsigned char
typedef unsigned char uint8;
typedef unsigned int uint16;
/*延时子程序*/
void delay(uint16 time)
```

```
{
    while(time--);
}
/*打印机忙状态检测,这里我们直接用延时等待打印机*/
void check_printer()
{
    delay(1000);
}
/*打印机写命令字*/

void write_printer(uint8 dat)
{
    check_printer();
    PRINTER = dat;
}

/*打印机初始化*/

void initial_printer(void)
{
    //打印机初始化
    write_printer(0x1b);
    write_printer(0x40);
    //反向打印
    write_printer(0x1b);
    write_printer(0x63);
    write_printer(0x01);
}

/*打印一个汉字*/

void PrintChinese(uint8 *dat)
{
    write_printer(0x1c);
    write_printer(0x26);
    write_printer(*dat);
    write_printer(*(dat+1));
    write_printer(0x1c);
    write_printer(0x2E);
```

```
}

/*打印一个字符*/

void PrintChar(uint8 dat)
{
    write_printer(dat);
}

/*打印一个字符串*/

void PrintStr(uint8 *str)
{
    while(1)
    {
        if((*str)=='\0') break;
        PrintChar(*str++);
    }
}

int main()
{
    initial_printer();
    PrintChinese("西");
    PrintChinese("安");
    PrintChinese("交");
    PrintChinese("通");
    PrintChinese("大");
    PrintChinese("学");
    PrintChinese("城");
    PrintChinese("市");
    PrintChinese("学");
    PrintChinese("院");
    write_printer(0x0d);
    delay(10000);
    PrintStr("SIUPO MICRO-PRINTER TEST");
    write_printer(0x0d);
    while(1);
}
```

拓展训练 5　CPLD 模块

CPLD(Complex Programmable Logic Device)即复杂可编程逻辑器件,它可以由用户根据自己的需要定义逻辑功能。CPLD 进行一次下载编程(写入操作)后,其逻辑门组合方式就保存下来,不管什么时候断电、通电,它都可以执行上一次的逻辑功能。

器件特点:它具有编程灵活、集成度高、设计开发周期短、适用范围宽、开发工具先进、设计制造成本低、对设计者的硬件经验要求低、标准产品无需测试、保密性强、价格大众化等特点,可实现较大规模的电路设计,因此被广泛应用于产品的原型设计和产品生产,几乎所有应用中小规模通用数字集成电路的场合均可应用 CPLD 器件。CPLD 器件已成为电子产品不可缺少的组成部分,它的设计和应用成为电子工程师必备的一种技能。

基本设计方法是借助集成开发软件平台,用原理图、硬件描述语言等方法,生成相应的目标文件,通过 JTAG 下载电缆将代码下载到目标芯片中,实现设计的数字系统。

1. Altera EPM7128 简介

(1)EPM7128 芯片的特点

EPM7128 是 Altera 公司推出的基于第二代 MAX 结构的可编程控制器,该芯片具有以下特点:

* 基于 IEEE1149.1 标准的在系统编程(ISP)的 JTAG 接口;
* 内部集成 128 个宏单元和 2500 个逻辑门;
* 68 个用户可以使用的 I/O 口;
* 只有 5 ns 的引脚延时;
* 外部输入的晶振频率最高可达 125 MHz;
* 采用 84 引脚 PLCC 封装。

(2)芯片管脚与功能

EPM7128 的引脚图如图 2-2-21 所示,具体功能见表 2-2-7。

表 2-2-7　EPM7128 引脚说明

标号	功能
I/O	通用 I/O 口,可由用户自由配置其功能
TDI,TDO,TMS,TCK	与通用 I/O 口复用的 JTAG 下载接口
IN/OE2	厂商推荐的使能信号输入 2
IN/GCLRn	厂商推荐的清零信号输入
IN/OE1	厂商推荐的使能信号输入 1
IN/GCLK1	厂商推荐的时钟信号输入,最高可达 151.5 MHz
VCCIO	电源,5 V 输入
GND	地

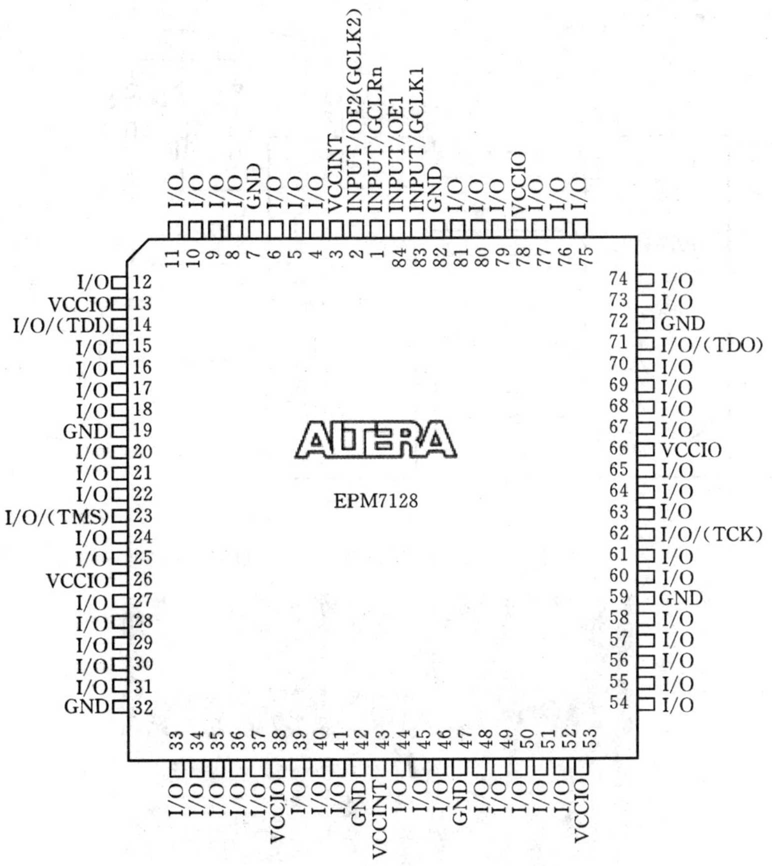

图 2-2-21　EPM7128 引脚图

2. EPM7128 与单片机的接口设计举例

在本例中 EPM7128 与单片机的接口如图 2-2-22 所示，CPLD 模块的实物图如图 2-2-23 所示。PIN4、PIN5、PIN6、PIN8 分别与单片机数据位 D0～D3 相接，PIN9、PIN10、PIN11 与 A13～A15 相接，PIN12 与单片机的写使能位/WR 相接，PIN15、PIN16、PIN17、PIN18 分别接 4 个发光二极管。当单片机向地址 0E000H～0FFFFH 写数据时，数据线上的数据就被锁存到 74LS373 的输出端上，当相应的引脚为 0 时，发光二极管被点亮。

(1)对 EPM7128 的写入逻辑程序设计

Altera 公司的 CPLD 一般应在 Quartus 软件平台上进行设计。这里仅以框图法为例，介绍 CPLD 的设计。框图法是在 Quartus 软件平台上将 EPM7128 要实现的逻辑功能图画出，如图 2-2-24 所示。

画框图时需要选择所使用的 CPLD 器件的型号，并为每个 I/O 口手动分配管脚(如表 2-2-8 所示)。在为每个 I/O 口分配管脚地址后，编译文件，生成一个 pof 文件，然后通过 JTAG 接口把这个 pof 文件下载到 EPM7128 中，就完成了对 CPLD 的写入。

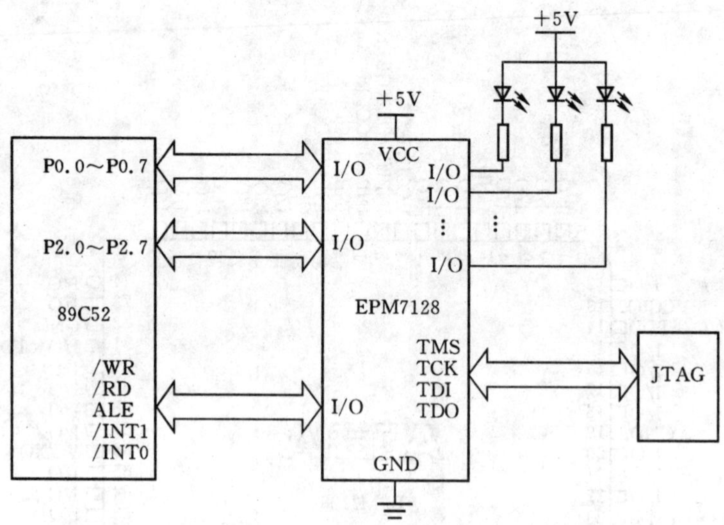

图 2-2-22　EPM7128 与单片机的接口

图 2-2-23　CPLD 模块实物

表 2-2-8　EPM7128 引脚分配

	To	Location	General Function
1	D0	PIN_4	I/O
2	D1	PIN_5	I/O
3	D2	PIN_6	I/O
4	D3	PIN_8	I/O
5	A13	PIN_9	I/O
6	A14	PIN_10	I/O
7	A15	PIN_11	I/O
8	WR	PIN_12	I/O
9	LED0	PIN_15	I/O
10	LED1	PIN_16	I/O
11	LED2	PIN_17	I/O
12	LED3	PIN_18	I/O

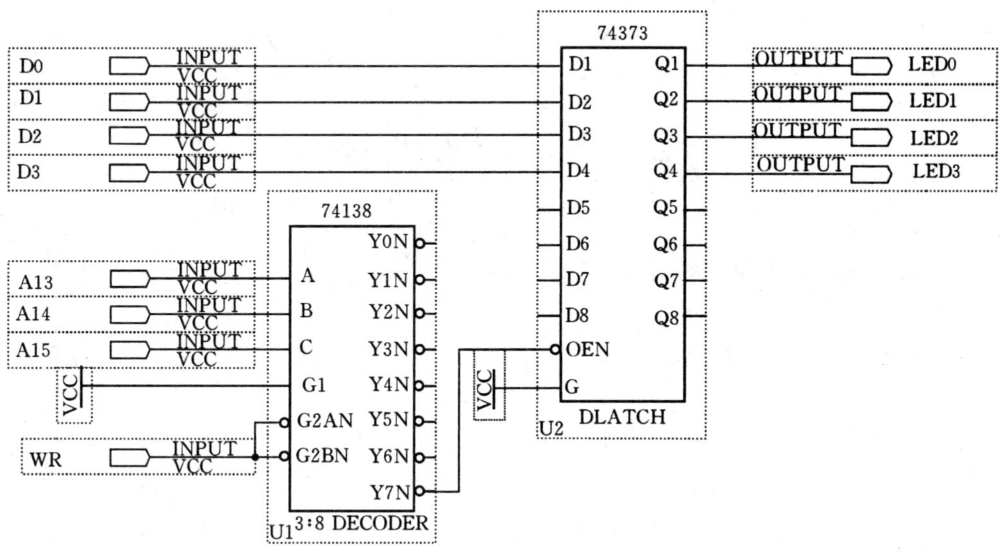

图 2-2-24 EPM7128 设计框图

(2)CPLD 测试

单片机示例程序的功能是循环点亮各个发光二极管。

```
#include "reg51.h"
#include "intrins.h"
#define LED XBYTE[0xE000]                    //LED 地址,从 0E000H 到 0FFFFH
void Delay_1s(void)                          //延时程序
{
    unsigned int i,j;
    for(i = 0;i<125;i++)
        for(j = 0;j<1000;j++){;}
}
main()
{
    unsigned int i,ledata = 0x01;
    while(1)
    {
        for(i = 0;i<4;i++)                   //循环点亮 4 个发光二极管
        {
            LED = ~ledata;
            ledata = ledata<<1;
            Delay_500ms();
        }
        ledata = 0x01;
    }
}
```

2.3 专题训练

实践目的：选择以工程实际项目为背景的题目，在教师的导引下展开研究，培养学生的系统设计能力。

使用仪器：TDS1000B 数字存储示波器、函数发生器、计算机、C－51 的编译环境和自制多功能设计训练平台。

实践内容：选择锁定放大器的设计（陕西省 2014 年 TI 杯大学生电子设计竞赛题），信号波形合成实验电路（陕西省 2010 年 TI 杯大学生电子设计竞赛题，参考全国大学生电子设计竞赛官方网站 http//www. nuedc. com. cn)，基于铂热电阻的温度计设计，基于正弦恒流激励的微电阻测试仪设计，基于 MAX038 的微电容测试仪，工频电压、电流及其相位测试仪六个题目。

教学方法：采用设计建议、移植复现、激发创新的交互式训练方法，各方法之间相互渗透，融为一体。主线是在教师引导下提高学生主动学习的热情和激发创新意识。

专题训练1　锁定放大器的设计

对微小信号测量，必须考虑前置放大器和调理电路采取的措施，才能克服运算放大器内部噪声和外部电磁干扰的影响。选用固定频率的正弦恒流源激励，响应信号由高阻差分前置放大器放大，调理电路采用集成锁相放大技术，该固定频率信号经移相作为锁相放大的参考信号，可有效地抑制噪声和外界干扰。

1. 设计要求

设计制作一个用来检测微弱信号的锁定放大器（LIA）。锁定放大器基本组成框图如图 2－3－1所示。

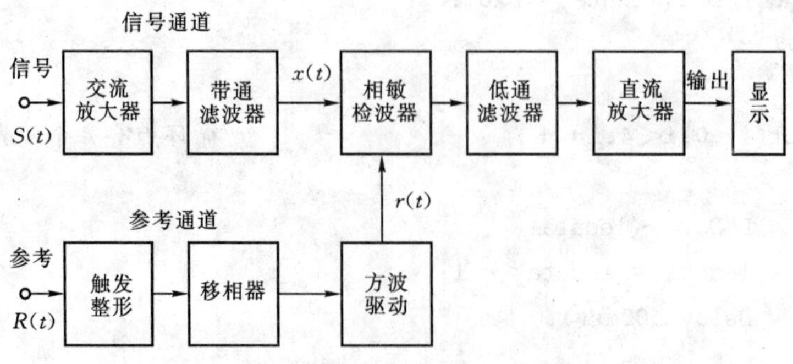

图 2－3－1　锁定放大器基本组成结构框图

2. 基本要求

①外接信号源提供频率为 1 kHz 的正弦波信号，幅度自定，输入至参考信号 $R(t)$ 端。$R(t)$ 通过自制电阻分压网络降压接至被测信号 $S(t)$ 端，$S(t)$ 幅度有效值为 10 μV～1 mV。

②参考通道的输出 $r(t)$ 为方波信号，$r(t)$ 的相位相对参考信号 $R(t)$ 可连续或步进移相 180°，步进间距小于 10°。

③信号通道的 3 dB 频带范围为 900～1100 Hz，误差小于 20%。

④在锁定放大器输出端，设计一个能测量显示被测信号 $S(t)$ 幅度有效值的电路。测量显示值与 $S(t)$ 有效值的误差小于 10%。

3. 提升部分

①在锁定放大器信号 $S(t)$ 输入端增加一个运放构成的加法器电路，实现 $S(t)$ 与干扰信号 $n(t)$ 的 1∶1 叠加，如图 2-3-2 所示。

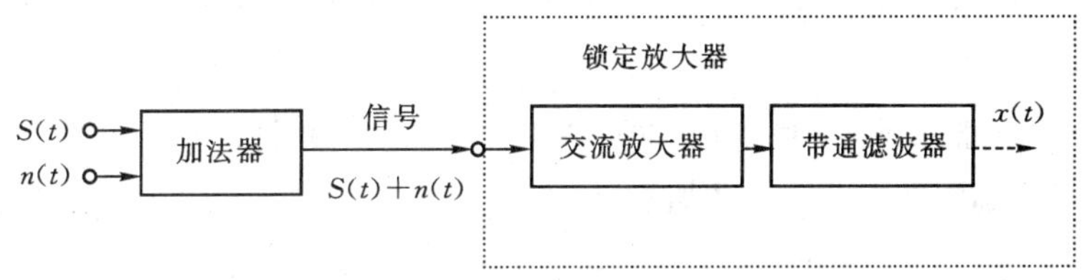

图 2-3-2 锁定放大器叠加噪声电路图

②用另一信号源产生一个频率为 1050～2100 Hz 的正弦波信号，作为 $n(t)$ 叠加在锁定放大器的输入端，信号幅度等于 $S(t)$。$n(t)$ 亦可由与获得 $S(t)$ 同样结构的电阻分压网络得到。锁定放大器应尽量降低 $n(t)$ 对 $S(t)$ 信号有效值测量的影响，测量误差小于 10%。

③增加 $n(t)$ 幅度，使之等于 $10S(t)$，锁定放大器对 $S(t)$ 信号有效值的测量误差小于 10%。

4. 报告要求

①系统方案：总体方案设计；

②理论分析与计算：锁定放大器各部分指标分析与计算；

③电路与程序设计：总体电路图，程序设计；

④测试方案与测试结果：测试数据完整性，测试结果分析；

⑤设计报告结构及规范性：摘要，设计报告正文的结构、图表的规范性；

⑥记录调试中所遇到的问题并分析其原因；

⑦写出心得体会。

5. 验收形式

①由任课教师现场打分，确定优、良、中、合格和不通过；

②完成设计中，有创新者另外加分。

专题训练 2 信号波形合成实验电路

法国数学家傅里叶发现，任何周期函数都可以用正弦函数和余弦函数构成的无穷级数来表示（选择正弦函数与余弦函数作为基函数是因为它们是正交的），后世称傅里叶级数为一种特殊的三角级数。给定一个周期为 T 的函数 $f(t)$，它可以表示为无穷级数：

$$f(t) = A_0 + \sum_{n=1}^{\infty} A_n \sin(n\omega t + \varphi_n)$$

$$= A_0 + \sum_{n=1}^{\infty} a_n \cos n\omega t + b_n \sin n\omega t + \varphi_n$$

傅里叶变换是数字信号处理领域一种很重要的算法。傅里叶交换原理表明：任何连续测量的时序或信号，都可以表示为不同频率的正弦波信号的无限叠加。傅里叶变换在物理学、数论、组合数学、信号处理、概率、统计、密码学、声学、光学等领域都有着广泛的应用。

1. 设计要求

设计制作一个电路，能够产生多个不同频率的正弦信号，并将这些信号再合成为近似方波和其它信号，电路示意图如图 2-3-3 所示。

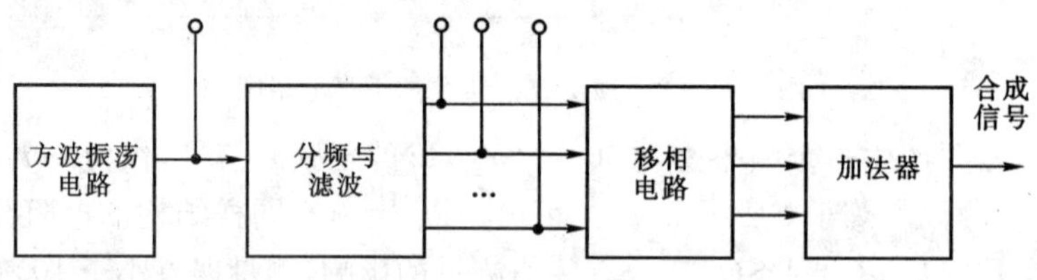

图 2-3-3 电路示意图

2. 基本要求

①方波振荡器的信号经分频与滤波处理，同时产生频率为 10 kHz 和 30 kHz 的正弦波信号，这两种信号应具有确定的相位关系。

②产生的信号波形无明显失真，幅度峰峰值分别为 6 V 和 2 V。

③制作一个由移相器和加法器构成的信号合成电路，将产生的 10 kHz 和 30 kHz 正弦波信号，作为基波和三次谐波，合成一个近似方波，波形幅度为 5 V，合成波形的形状如图 2-3-4 所示。

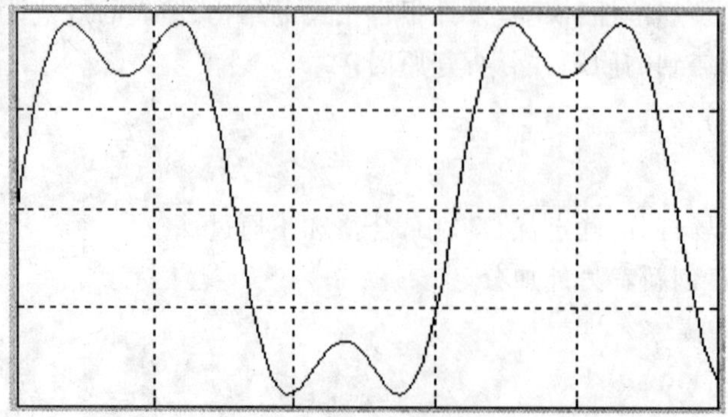

图 2-3-4 利用基波和三次谐波合成的近似方波

提示 1：为了使用一个方波振荡器经分频器同时产生频率为 10 kHz 和 30 kHz 的正弦波信号，选择方波振荡频率应为 60 kHz (为什么?)；经分频后获得 10 kHz 和 30 kHz 占空比为 50％的方波信号。

提示 2：参考模拟电路；设计合理的滤波电路将方波变换为正弦波；由移相器和加法器构成的信号合成电路，因为题目要求合成信号输出幅度峰峰值分别为 6 V 和 2 V，所以采用峰值保持器比较简单，但要注意在制作成样机后的测试过程中，每测试一次后必须对保持电容进行放电处理。

提示 3：参照基础训练设计，以 89C52 为核心组建硬件系统，其中，尽量使用 CPLD 实现硬件逻辑电路；选择 ADC、LCD 显示和必要的键盘接口电路。

3. 提升部分

①再产生 50 kHz 的正弦信号作为五次谐波，参与信号合成，使合成波形更接近于方波。

②根据三角波谐波的组成关系，设计一个新的信号合成电路，将产生的 10 kHz、30 kHz 等各个正弦信号合成一个近似的三角波 。

③设计制作一个能对各个正弦信号的幅度进行测量和数字显示的电路，测量误差不大于±5％。

4. 报告要求

①要求有系统方案、理论分析与计算、电路与程序设计、测试方案与测试结果。

②记录调试中所遇到的问题并分析其原因。

③写出心得体会。

5. 验收形式

①由任课教师现场打分，确定优、良、中、合格和不通过；

②完成设计中，有创新者另外加分。

专题训练 3 基于铂热电阻的温度计设计

在工程实践中，温度是测量和控制的重要参数之一。无论是交通运输、国防、航空航天、医疗卫生、农业生产、商务与办公设备还是日常生活中的家用电器，都与温度息息相关。用于检测温度的各种传感器种类很多，其中，由于金属铂具有易于提纯、物理性质稳定、电阻率较大和能耐较高温度的特点，常作为复现基准的标准电阻。同时高纯度铂电阻具有稳定的电阻-温度关系，可见采用铂热电阻温度传感器测量温度，实质上是通过测量铂热电阻值实现的。铂热电阻温度传感器具有测量范围宽和准确度高的特点。

1. 设计要求

①用铂热电阻传感器 Pt100 实现测温范围 0～100℃，测温分辨力：0.1℃。

②采用 MCS - 51 系列单片机 89C52 为核心组建硬件系统。

③完成对热电阻传感器的调理电路的设计，通过理论分析和计算选择电路参数。

④根据测温的操作功能要求，确定键盘控制功能，要求使用 LCD 显示结果。

⑤采用 C 语言编写应用程序并调试通过。

⑥对系统进行测试和结果分析。

2. 设计建议

①热电阻温度传感器常用双恒流源调理电路，将由温度引起的电阻值的变化转换为电压信号。调理电路如图 2 - 3 - 5 所示。这种方法特别适合于对热电阻型温度传感器的输出进行 R/U 变换。图中，R_N 为标准电阻，一般为 100 Ω，其数值等于热电阻在 0℃时的初始值 R_0。R_t 是热敏电阻。通常输出电压 U_{Rt} 很小，因此需经过差分放大器放大。

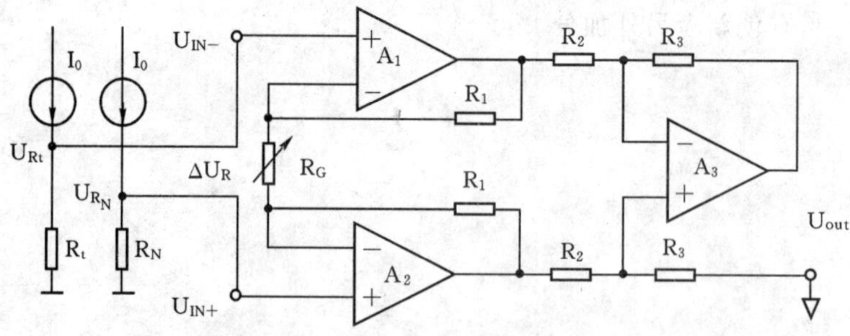

图 2 - 3 - 5 测量放大器用于双恒流源电路输出的放大调理

双恒流源调理电路输出电压为：

$$\begin{aligned}\Delta u_R &= u_{R_t} - u_{R_N} \\ &= R_0 I_0 [1 + AT] - R_0 I_0 \\ &= I_0 R_0 AT\end{aligned}$$

Δu_R 经差分放大器放大后得到：

$$u_{out} = k\Delta u_R$$

其中 k 为放大器的放大倍数。

②双恒流激励电路原理如图 2-3-6 所示。

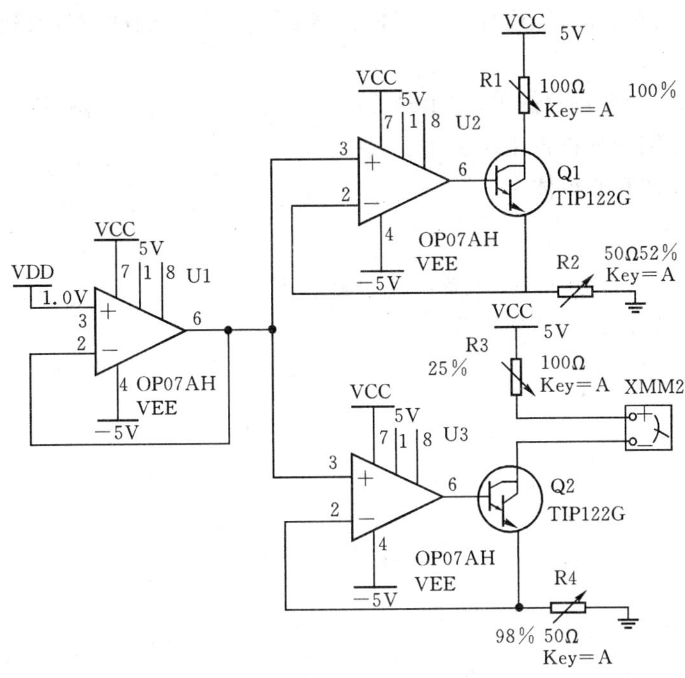

图 2-3-6 双恒流激励电路原理图

③选择芯片构成单元功能模块电路，对系统前向通道的调理电路模块进行仿真设计调试；选择 A/D 转换器和 LCD 显示器等。

④通过学生之间的相互交流讨论和教师点评完善设计。

3. 移植复现

①按照建议的设计方案完成应用硬件系统设计，包括：双恒流激励模块、差分运算放大、A/D 转换器和 LCD 显示等。

②按照题目要求的功能完成实现功能模块的程序设计；进一步完成应用系统的软件集成设计，参照基础训练中的 A/D 转换器相关内容，完成本设计的 A/D 转换程序的编写。

③参照拓展训练中 LCD 显示单元模块的测试程序，实现汉字“西安交通大学城市学院”和 26 个英文字母“ABCD…XYZ”的显示程序，进而完成实现功能模块 LCD 显示的程序设计。

④对系统进行测试和结果分析。

4. 创新改进

为了使电桥响应信号足够大，又要改善因恒流源长时间流过 Pt100 和标准电阻而产生自热效应，如何选择控制恒流源的工作方式呢？

例如，采用在程序控制下的间歇式激励方式，使得仅在测试时启动激励源工作，这种方法既可以选择输出较高恒流源又能从源头上减少温度传感器和标准电阻的通电时间，必然能改善自热效应对测试结果准确度的影响。

5. 报告要求

①写出较完整的单元软件、硬件设计报告和调试方法，记录调试中所遇到的问题并分析其原因；

②在样机的功能和参数测试中，写出参数原理、测试仪器、测试电路、测试方法并记录测试数据；通过对测试数据的分析得出测试结果。

③写出结论、展望和心得体会。

6. 验收形式

①由任课教师现场打分，确定优、良、中、合格和不通过。

②完成设计中，有创新者另外加分。

专题训练 4 基于正弦恒流激励的微小电阻测试仪设计

电阻器是电路中应用最广泛一种元件，按其结构可分为固定式和可变式两类，固定式电阻器一般称为电阻，可变式电阻器分为电位器和滑线式电阻器。通常将 1 Ω～1 MΩ 定为中值电阻，大于 1 MΩ 的称为大值电阻，而小于 1 Ω 的称为微小电阻。一般，中值电阻采用欧姆定理比较容易测量；而对大值电阻测量时，要注意屏蔽防护问题、温度、湿度、试验电压性质以及导电途径等因素的影响；对微小电阻的测量可以选择通入恒定电流激励，测量电阻两端的电压，计算获得电阻值。当被测对象为交流电阻，在工作频率不高时，可以按测量直流电阻的方法处理。

1. 设计要求

①实现测量电阻范围为 0.01～1 Ω，分辨力为 10 mΩ。

②采用 MCS-51 系列单片机 89C52 为核心组建硬件系统。

③研究对电阻测量的调理电路设计，通过理论分析和计算选择电路参数。

④根据测试仪的操作功能要求，确定键盘控制功能，要求使用 LCD 显示结果。

⑤采用 C 语言编写应用程序并调试通过。

⑥对系统进行测试和结果分析。

2. 设计建议

①通过查阅相关文献、选择自己的设计方案，初步完成系统硬件功能框图设计；通过学生交流讨论和教师点评，最后确定设计方案；

②由于被测微电阻一般为毫欧级，因此引入测试探头的接触电阻以及引线本身的电阻会对测量引入误差，所以通常采用四探针法测量；

③选择恒流源和被测微电阻串联的激励方式，可克服激励端引线电阻和接触电阻的影响；选择高阻低噪声差分运算放大器(AD620)测量微电阻两端的响应电压，只要将测试探针紧靠被测电阻端子并紧密连接，而高阻运放又能消除引线电阻对响应电压的影响，其效果与四探针法接近；

④对微小信号测量就必须考虑前置放大器和调理电路采取的措施，才能克服运算放大器内部噪声和外部电磁干扰的影响；这里选用固定频率的正弦恒流源激励，采用集成锁相放大技术，该固定频率信号经移相作为锁相放大的参考信号，可有效地抑制噪声和外界干扰；

⑤选择芯片构成单元功能模块电路，对系统前向通道的调理电路模块进行仿真调试设计；选择 A/D 转换器和 LCD 显示等；系统组成如图 2-3-7 所示，恒流源电路如图 2-3-8 所示。

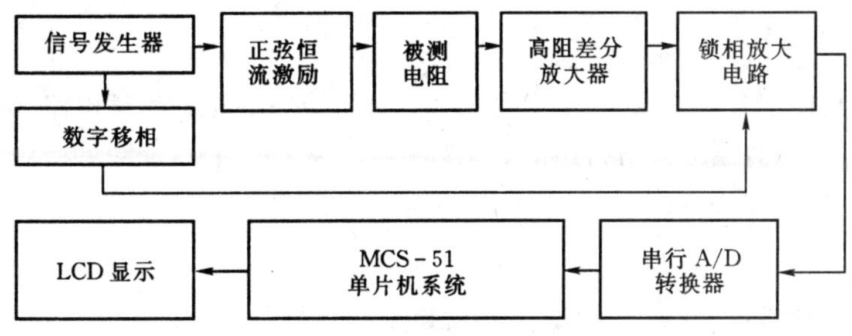

图 2-3-7 微电阻测试仪组成框图

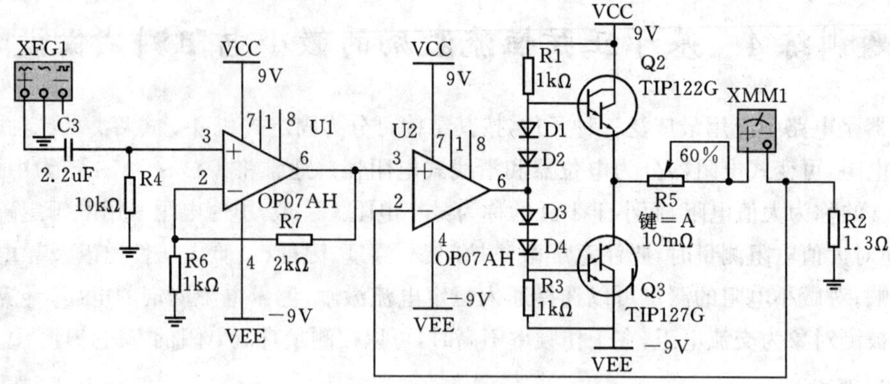

图 2-3-8　正弦恒流激励源电路

⑥建议高阻低噪声差分运算放大器和锁相放大器分别选择实验室已经备有的 AD620，AD630。

3. 移植复现

①按照设计建议完成应用硬件系统设计，包括：恒流激励模块、差分运算放大和集成锁相放大器的调理电路、A/D 转换器和 LCD 显示等。

②在测试软件上，按照题目要求的功能完成实现功能模块的程序设计；进一步完成应用系统的软件集成设计，参照基础训练中的 A/D 转换器部分内容，完成本设计的 A/D 转换程序的编写；参照扩展训练中 LCD 显示单元模块的设计测试程序，完成实现功能模块 LCD 显示的程序设计。

③对一个微弱信号，外界电磁干扰和放大器内部噪声仍然是制约其检测准确度提高的重要因素。为了克服外界强电的干扰和内部噪声影响，特别推荐采用集成锁相放大器(AD630)去噪。这里由单片机编程实现频率稳定的 1 kHz 正弦信号，送入正弦激励恒流源；数字移相器单片机编程实现 0～180°范围相位移动，在双踪示波器测试确定移相值后作为 AD630 的参考信号。通过仿真软件对锁相放大电路进行仿真分析、设计和参数修改。完成样机设计。

④对系统性能评价，完成对应用系统的完整设计并写出设计和调试文件。

4. 创新改进

为了使响应信号足够大，希望恒流源输出足够大；而恒流源长时间流过被测电阻将产生自热效应，如何控制恒流源的工作方式呢？例如，可采用在程序控制下的间歇式激励方式，使得仅在测试时启动恒流源。

5. 报告要求

①写出较完整的单元软件、硬件设计报告和调试方法，记录调试中所遇到的问题并分析其原因。

②记录系统组建、调试步骤与方法。

③在样机的功能和参数测试中，要求写出参数原理、测试仪器、测试电路、测试方法并记录测试数据；通过对测试数据的分析得出测试结果。

④写出结论、展望和心得体会。

6. 验收形式

①由任课教师现场打分，确定优、良、中、合格和不通过。

②完成设计中，有创新者另外加分。

专题训练5 基于MAX038的微电容测试仪设计

电容器是一种储能元件，在电路中用于调谐、滤波、耦合、旁路、能量转换和延时等。例如在电子线路和电力系统中，利用“电容器两端的电压不能突变”的原理，在电路中起到隔直流而稳定交流的作用，以及稳定电压，补偿无功功率，搭建微分电路、积分电路、振荡电路等。

一般电容值大于1000 μF的称为大电容，小于1000 μF而大于100 pF的称为中值电容，100 pF以下的称为小电容。

1. 设计要求

①实现测量电容范围为10～1000 pF，分辨力为10 pF；

②以MAX038芯片为核心，选择已知电阻和被测电阻组成的方波信号发生器；

③以单片机89C52为核心实现频率计功能，通过计算获得被测电容值；

④根据测试仪的操作功能要求，确定键盘控制功能，要求使用LCD显示结果；

⑤采用C语言编写应用程序并调试通过；

⑥对系统进行测试和结果分析。

2. 设计建议

基于MAX038的电容测试仪主要包括波形产生模块、频率计模块和数据处理模块。如图2-3-9所示。

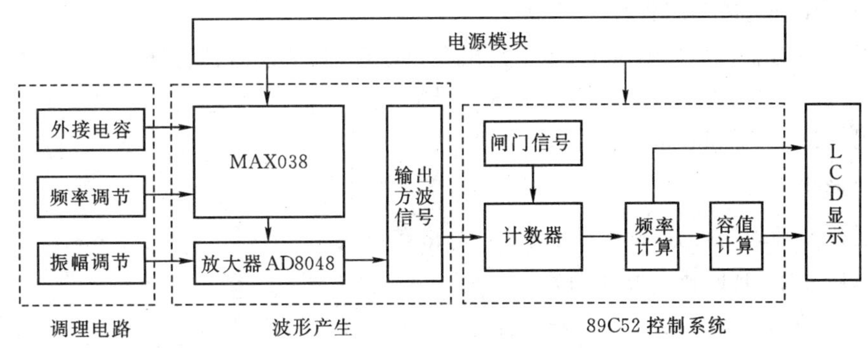

图2-3-9 基于MAX038的电容测试仪系统原理框图

①测试原理：MAX038通过外接电位器的阻值变化调节输出频率以适应芯片的输出频率范围；被测电容接入电路，经MAX038产生方波输出，可测得方波信号的频率；根据公式计算出被测电容值，最后显示在LCD屏上；

②通过查阅MAX038数据手册初步完成系统硬件功能框图设计；调理电路模块包括外接电容、频率调节和振幅调节和放大器等方波信号发生器的设计；

③参照数字电路课程设计，以89C52为核心实现频率计功能；

④通过学生交流讨论和教师点评，最后确定设计方案。

3. 移植复现

①画出测试仪系统原理框图，完成系统各单元模块硬件设计，包括：调理电路模块、波形产生模块、MCS-51控制系统（包括A/D转换器和LCD显示）等；

②完成测试仪软件设计，包括主函数、工作函数和中断函数等三个模块的设计；进一步完成应用系统的软件集成设计，参照扩展训练完成本设计的 A/D 转换程序、功能模块 LCD 显示的程序设计；

③完成以 89C52 和 CPLD 为核心实现等精度频率计功能的软件和硬件设计；

④完成对应用系统的完整设计并写出设计和调试文件；

⑤用高等级仪器和本测试仪对同一测试源进行比对测试，从而定出该测试仪的测试等级。

4. 创新改进

将 MAX038 和放大器 AD8048 上外接的电阻阻值固定，可取得一组不同电容下的方波输出信号的频率值。为了取得更准确的测量数值，舍弃 MAX038 手册中的电容计算公式，采用最小二乘法对测量数值进行拟合。

拟合数据时，先将测量值分段，再使用不同的公式拟合。如 0.001～1 μF 电容值与对应的频率值为反比关系，宜使用公式 $C=K/f$；而电容值为 10～100 pF 不符合反比关系，利用最小二乘法，在 MATLAB 中进行曲线拟合，拟合公式为 $C=a/f+b$。

得到拟合公式中的参数 K,a,b 后，应在相同条件下使用多组测量数据进行验证并修正，以得到更完美的拟合公式。

5. 报告要求

①写出较完整的单元软件、硬件设计报告和调试方法，记录调试中所遇到的问题并分析其原因。

②系统组建、调试步骤与方法。

③在样机的功能和参数测试中，要求写出参数原理、测试仪器、测试电路、测试方法并记录测试结果；通过对测试数据的分析得出测试结果。

④写出结论、展望和心得体会。

6. 验收形式

①由任课教师现场打分，确定优、良、中、合格和不通过。

②完成设计中，有创新者另外加分。

专题训练6 工频电压、电流及其相位测试仪设计

对电气参数的数字化测量可通过同步获得电压、电流的采样，利用软件根据相关公式计算出它们之间的相位差，例如，频率、峰值电流、峰值电压、有效值、真有效值功率因数、电流波形因数、电压波形因数、谐波分量、功率等多种参数。

1. 设计要求

①输入信号：单相工频有效值为 0～220±20 V；

②输出信号：电压、电流和它们之间的相位差；

③测量准确度：1%，分辨率 0.1 V。

④选用 89C52 为核心组建硬件系统，选择合适的 ADC 并确定 LED 显示位数。

⑤采用 C 语言编写出应用程序并调试通过。

⑥制作出样机并测试是否满足功能和技术指标要求。

⑦对系统进行测试和结果分析，写出设计文件。

2. 设计建议

①被测电路如图 2-3-10 所示，通过仿真设计与调试完成单元硬件模块的设计；运算放大器可采用 AD620。

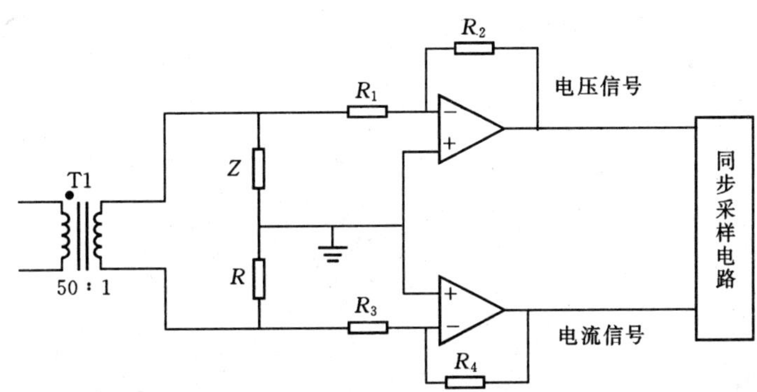

图 2-3-10 系统结构框图

图中 R 为电流采样电阻，建议选用 0.1Ω；Z 为负载阻抗

②由单片机组成的控制系统同步采样电路，实现电压、电流及其之间的相位差的采样，可参考基础训练“双路 ABC——MAX197 模块”的内容。

③采用 89C52 为核心完成键盘控制和 LED 显示功能。

3. 移植复现

①制作设计建议中所确定的单元硬件电路并调试通过，按照接口三要素的原则，完成硬件系统的组建。

②参照基础训练的测试程序，完成系统软件的链接，并调试通过。

③通过功能实验，验证其正确性。

4. 创新改进

①如果要求测试准确度为0.1%,如何调整调理电路和量程变换电路?

②本测试是在强电中进行,如何插入过电压和过电流保护电路?完成保护电路设计。

5. 报告要求

①写出较完整的单元软件、硬件设计报告和调试方法,记录调试中所遇到的问题并分析其原因。

②记录系统组建、调试步骤与方法。

③在样机的功能和参数测试中,要求写出参数原理、测试仪器、测试电路、测试方法并记录测试数据;通过对测试数据的分析得出测试结果。

④写出结论、展望和心得体会。

6. 验收形式

①由任课教师现场打分,确定优、良、中、合格和不通过。

②完成设计中,有创新者另外加分。

参考文献

[1] 薛钧义,张彦斌. MCS-51/96 系列单片微型计算机及其应用. 西安:西安交通大学出版社,1997.8.

[2] 胡汉才. 单片机原理及其接口技术. 北京:清华大学出版社,1996.7.

[3] 张鑫,华臻,陈书谦. 单片机原理及应用. 北京:电子工业出版社,2005.8.

[4] 申忠如,郭福田,丁晖. 现代测试技术与系统设计. 西安:西安交通大学出版社,2006.2.

[5] 申忠如,等. 数字电子技术基础. 西安:西安交通大学出版社,2010.8.

[6] 王建校,等. 51 系列单片机及 C51 程序设计. 北京:科学出版社,2002.4.

[7] 申忠如,等. 单片微型计算机原理与接口技术. 西安:西安交通大学出版社,2013.7.

[8] 谭浩强. C 程序设计. 3 版. 北京:清华大学出版社,2005.7.

[9] 周坚. 单片机 C 语言轻松入门. 北京:北京航空航天大学出版社,2006.7.

[10] 何立民. MCS-51 系列单片机应用系统设计系统配置与接口技术. 北京:北京航空航天大学出版社,1989.4.